myBook+

Ein neues Leseerlebnis

Lesen Sie Ihr Buch online im Browser – geräteunabhängig und ohne Download!

Und so einfach geht's:

- Gehen Sie auf **https://mybookplus.de**, registrieren Sie sich und geben Ihren Buchcode ein, um zu Ihrem Buch zu gelangen
- **Ihren individuellen Buchcode finden Sie am Buchende**

Wir wünschen Ihnen viel Spaß mit myBook+ !

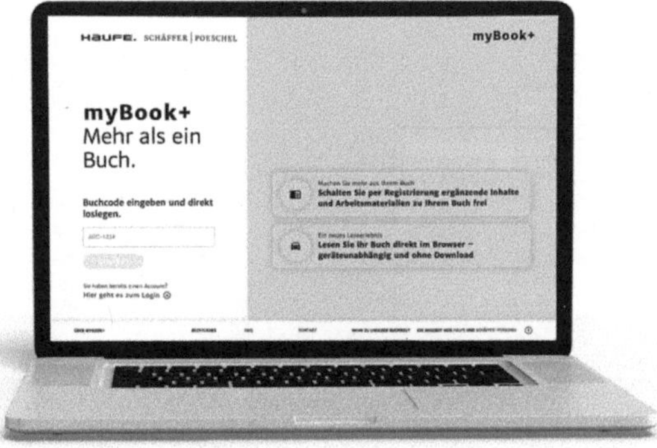

Transformation durch das mittlere Management

Dr. Karoline Haderer / Philipp Hilse

Transformation durch das mittlere Management

Raus aus der Underdog-Rolle: Praxiserprobte Strategien für schnelle und dauerhafte Transformationserfolge

Haufe Group
Freiburg · München · Stuttgart

Bibliografische Information der Deutschen Nationalbibliothek

Die Deutsche Nationalbibliothek verzeichnet diese Publikation in der Deutschen Nationalbibliografie; detaillierte bibliografische Daten sind im Internet über http://dnb.dnb.de/ abrufbar.

Print: ISBN 978-3-648-16919-3 Bestell-Nr. 10947-0001
ePub: ISBN 978-3-648-16920-9 Bestell-Nr. 10947-0100
ePDF: ISBN 978-3-648-16921-6 Bestell-Nr. 10947-0150

Dr. Karoline Haderer / Philipp Hilse
Transformation durch das mittlere Management
Oktober 2023

www.haufe.de
info@haufe.de

Bildnachweis (Cover): © iStock, AIGen

Produktmanagement: Kerstin Erlich
Lektorat: Ulrich Leinz

Inhaltsverzeichnis

Vorwort: »Warum ein Buch für und über das mittlere Management?«

Die Idee zu diesem Buch hat eine lange Geschichte. Streng genommen hat es mehrere Anläufe gebraucht und begonnen hat alles mit einer anderen Intention. So lag ursprünglich die Idee auf dem Tisch, ein Buch über die Markenführung und -entwicklung von Traditionsunternehmen zu schreiben, die sich in ihrer Positionierung und visuellen Gestaltung auf den Weg Richtung Zukunft machen. Am Ende ist etwas anders entstanden. Ein Buch für und über mittlere Manager. Wie konnte das passieren? Haben wir einfach unser Thema verfehlt? Nein. Wir haben unterm Strich festgestellt: Das, was die Menschen wirklich interessiert, sind nicht die Ergebnisse unserer Arbeit. Sondern der Weg dorthin – inklusive Irrungen und Wirrungen.

Es gab auf dieser Reise einige Herausforderungen zu bewältigen. Allen voran die Zeitfrage. Wie schafft man das, neben einem Vollzeit-Job, der eben nicht mit 38 oder 40 Stunden auskommt, überhaupt zeitlich? Können wir das nicht an einen Ghostwriter auslagern? Nein, können wir nicht – wir haben es probiert. Doch zu viele Erklärungen waren notwendig, zu viel Abstimmung und die Gefahr zu verfälschen zu groß. Da mussten wir also schon selbst durch. Die Antwort auf die Frage nach der Zeit lautet stattdessen: Manche Zeilen sind um 6 Uhr morgens vor dem Weg ins Büro entstanden, andere im Zug von A nach B und andere am späten Abend. Und in gemeinsamen Sessions haben wir uns angesehen, wie diese Zeilen eigentlich zusammengehen und wie wir Ihnen, liebe Leserin bzw. lieber Leser, damit einen Mehrwert für Ihre eigene Arbeit liefern können.

Wir, das sind: Dr. Karoline Haderer und Philipp Hilse. In unserem *»echten«* Leben sind wir in Führungspositionen eines Versicherungsunternehmens tätig. Die Transformation von Marken konnten wir nicht nur selbst erleben, sondern auch aktiv mitgestalten – bis heute. Inklusive vieler High-, aber auch Downlights, wie das eben in jedem Job und bei jedem Unternehmen so ist.

Wir haben mit vielen anderen bemerkenswerten Kolleginnen und Kollegen Dinge auf die Straße gebracht, auf die wir stolz sind. Angefangen mit nationalen TV- und Online-Kampagnen, die vor allem mit ihrer Ungewöhnlichkeit Aufmerksamkeit erzeugten – und für ihre Ergebnisse mit erstrebenswerten Werbewirkungspreisen ausgezeichnet wurden. Bis hin zu aufwändigen Großveranstaltungen, die tausende Mitarbeiter für den Aufbruch in eine neue Zeit begeisterten – und für jede Menge Gänsehaut und Emotionen sorgten.

Nicht-noch-ein-Marketing-Case-Book

Bei einem innehaltenden Blick auf das, was schon geschafft war, lag die Idee nahe, in einem Case-Book genau diese Schritte für die Nachwelt festzuhalten. Wie wandelt man eine Traditionsmarke? Welche Kraft liegt in der Marke – und damit in der sie (weiter-)entwickelnden Brand- und Marketingabteilung? Und welche Learnings ziehen wir?

Ein solches Case-Book wäre sicher spannend für alle, die daran mitgewirkt haben. Zur Konservierung der Erlebnisse und Erkenntnisse. Ebenso wie für den Marketing-Nachwuchs, der sich über die Grundlagen der Markenführung – von interner Kommunikation bis Corporate Design – informieren möchte. Und doch hat sich genau das nicht richtig oder ausreichend angefühlt. Wer braucht schon noch ein Lehrbuch oder eine Case-Darstellung, die zeigt, wie viel Wunderbares man geschaffen hat? Fishing for Compliments – nein, das ist nicht unser Ding.

Und vor allem: Es wäre auch nicht aufrichtig. Trotz Ergebnissen, die durchaus positives Feedback von der Fachpresse, der Öffentlichkeit oder den Mitarbeitern mit sich gebracht haben, sind es andere Dinge, die hängen bleiben. Das haben wir auch in Seminaren oder Austauschformaten gemerkt. Da wurde nicht danach gefragt: Und wann und wie habt ihr das neue Erscheinungsbild entwickelt? Sondern stattdessen: Und wie habt ihr geschafft, beim Vorstand so eine schnelle Entscheidung zu erwirken? Statt nach dem besten Modell für eine Markenplattform wurde nach Strategien gefragt, wie man viele verschiedene Meinungen in einem Management Board überein bekommt. Und statt: Wie habt ihr eure Erfolge gefeiert, ging es viel mehr um die Frage: Wie habt ihr euch nach euren Niederlagen wieder aufgerappelt?

Real Life statt Hochglanz

Und plötzlich war es glasklar: Das, was andere Führungskräfte beschäftigt, sind weniger die fachlichen Fragen oder die geschönten Erfolgsgeschichten. Deren Antwort hat man idealerweise an der Uni schon gelernt oder kann sie auf Case-Filmen auf YouTube oder in klassischen Fachbüchern finden. Stattdessen beschäftigt die Leute: Wie kriegt man auch in herausfordernden Umfeldern – und da befinden sich streng genommen die meisten Unternehmen – etwas vorwärts? Über welchen Strategien bekomme ich Entscheidungen, Unterstützer und wie kann ich meinen Freiraum erkennen und erweitern? Und warum muss ich eigentlich so oft erst Grundlagen oder umständliche Workarounds schaffen, um selbst kleine Veränderungen anzustoßen – ohne dass auch nur irgendjemand Notiz davon nehmen könnte, wie viel Schweiß und Tränen dafür notwendig waren?

Es geht also um Erfahrungen, die vom Umgang mit Menschen – ob Vorstand oder Praktikant erzählen. Abseits von Marketing-Fachwissen. Und streng genommen auch abseits des Wandels. Er ist Auslöser und Ziel zugleich. Viele der Fragen, denen wir uns in diesem Buch stellen, widmen sich dennoch der zugleich einfachen wie schwierigen Frage: Wie bekomme ich als mittlerer Manager eigentlich Themen platziert und entwickelt? Das klingt nach Tagesgeschäft und ist doch manchmal der Anfang einer ganzen Transformation.

Impulse von außen

Schnell war uns klar: Unser eigener Erfahrungsschatz ist nicht genug. Wir alle sehen die Welt durch einen individuellen Filter, sehen manchmal nur das, was wir sehen möchten, und übersehen so entscheidende Details. Deshalb haben wir unser Netzwerk aktiviert und mehr als ein Dutzend Interviews mit anderen Führungskräften, aber auch mit Vorstandsmitgliedern sowie Beratern geführt. In einigen Thesen wurden wir bestärkt, andere haben wir selbst neu entdeckt (Danke dafür) und in einigen Sachverhalten haben wir auch wild diskutiert.

So war schon das Schreiben eine intensive Reise. Nicht nur, weil wir das ein oder andere aus jahrelanger Transformations- und Führungsarbeit rekapituliert haben. Sondern weil wir selbst neue Blickwinkel auf Dinge entdecken durften. Nach all den Umwegen, die wir auf unserer Reise nehmen mussten, ist uns eines klar geworden: So wie es jetzt läuft, ist es nicht effizient. Zu oft geht es zwei Schritte vor, und dann wieder einen zurück. Das frustriert. Wir brauchen eine Alternative. Nein, eine Perspektive. Ein konkretes Modell, das der Rolle der mittleren Manager besser gerecht wird. Nicht aus Selbstzweck, sondern weil es da draußen jede Menge gibt, was es anzupacken gilt – und was wir nur gemeinsam schaffen.

Und jetzt laden wir Sie ein, sich unserer Reise anzuschließen. Tauchen Sie mit uns ein – in die Welt des mittleren Managements und den Menschen, mit denen es umzugehen hat. Und dabei ist es ganz gleich, ob Sie selbst im mittleren Management arbeiten, demnächst in die Rolle der Führungskraft hineinwachsen – oder als Vertreter des Topmanagements Ihre Führungskräfte besser verstehen möchten und Ihre Organisation transformationsfähig(er) machen wollen.

Wir freuen uns über Ihr Feedback – zum Beispiel bei LinkedIn. Denn das Buch ist hoffentlich nur der Anfang. Der Anfang einer Bewegung, die die Kraft des mittleren Managements sichtbar und nutzbarer machen möchte.

Gewidmet ist dieses Buch demnach allen mittleren Managern und Führungskräften, die im Rahmen Ihrer Möglichkeiten, das Beste für Unternehmen, Ihre Arbeitsumfelder und Mitarbeiter herausholen wollen.

Viel Freude beim Lesen,
Dr. Karoline Haderer & Philipp Hilse

PS: Ein besonderer Dank geht an dieser Stelle an unsere Transformations-Mitstreiter, die uns beim Bewältigen entscheidender Meilensteine auf unserem Weg unterstützt haben: Marc Sasserath und Anna Lüders von SasserathNow sowie Oliver Janik. Ebenso bedanken wir uns bei den Interviewpartnern, die uns mit ihren Eindrücken, Perspektiven und Geschichten aus ihrem eigenen Erfahrungsschatz unterstützt haben.

PPS: Und falls Sie doch einfach nur Interesse an den von uns betreuten Marketing-Cases haben, kontaktieren Sie uns gern. Diese sind – rein fachlich gesehen – nämlich durchaus erzählenswert. Aber das ist eine andere Geschichte.

Personen- und Funktionsbezeichnungen stehen ausdrücklich für alle Geschlechter gleichermaßen. Wir verwenden das generische Maskulinum, weil wir Ihnen das Lesen erleichtern möchten.

Einleitung: »Mensch, hör auf deinen Bauch«

Nein, Sie haben im Buchregal nicht aus Versehen danebengegriffen und einen Ernährungsratgeber erwischt. Wir sind mit dem Bauch auch im Hinblick auf die Transformation von Unternehmen direkt im Thema: Der schlauste Kopf ist nichts ohne die Kraft seiner Körpermitte. Sie gibt Auskunft über Vitalität und Widerstandskraft. Und wer sich und seinen Körper transformieren möchte, fängt hier an. Du bist, was du isst. Und du bist nur stark, wenn es dein Bauch und Rücken sind. Dieses Verständnis übertragen wir auf den Organismus von Unternehmen.

Auch bei der Frage nach der Transformationsfähigkeit von Unternehmen messen wir dem »Bauch« und damit der Mitte und ihrer Kraft eine große Bedeutung zu – und unterziehen sie einer tiefergehenden Betrachtung. Dieses Buch ist also das *»Darm mit Charme«* unter den Transformations-Ratgebern. Warum? Weil es Einblicke in die innersten Vorgänge deutscher Unternehmen und ihrer fortwährenden Veränderungsprozesse offenbart.

Inhalt: Was haben wir auf den nächsten 200 Seiten gemeinsam vor?
Wir beleuchten die Akteure, die für die »Gesundheit« des »Bauchs« stehen. Genauer gesagt: Wir wagen einen detaillierten Blick auf die Rolle der unterschätzten »Helfer« in den Unternehmen. Auf die, – und bitte entschuldigen Sie den Ausdruck – die »Scheiße« wegräumen. Denn davon gibt es bei der Gestaltung von Transformation jede Menge. Die Vertreter des mittleren Managements wirken genau hier und haben einen höheren Einfluss auf die Gesundheit von Unternehmen – und damit auf deren Transformationspotenzial – als man vermutet. Sie sind nah genug dran an den echten schmerzenden Stellen und in ihrem Horizont breit genug aufgestellt, um zu erkennen, was es für die Stärkung dieser Stellen braucht. Damit stecken im mittleren Management die Chance und die Kraft, den Körper des Unternehmens aus der Mitte heraus zu transformieren. Dazu müssen mittlere Manager aus der – im Vergleich zum Topmanagement – unterschätzten Rolle herauswachsen. Es geht darum, die Rolle des *»Underdogs«* abzustreifen – in der Selbst- wie in der Fremdwahrnehmung.

Was dieses Buch anders macht – und was es Ihnen bietet

Es gibt es schon viele Bücher über die Transformation und dazugehörige Organisationstheorien von Unternehmen. Diese Lehrbücher haben in der Regel einen Haken. Sie gehen von einer idealisierten Wirklichkeit aus. Und das ist, was man da draußen nicht erwarten kann. Deshalb gilt für unser Buch vor allem Folgendes: Aus der Praxis. Für die Praxis.

Mehrwerte: »Transformation durch das mittlere Management« ist ...

- **... eine Analyse:** Wie transformationsbereit und -fähig sind Unternehmen und ihre Vertreter der unterschiedlichsten Ebenen?
- **... ein Ratgeber:** Wie können mittlere Manager auch in dysfunktionalen Organisationen etwas vorwärts bringen – und damit Treiber von Transformation werden? Wie hier das richtige tun?
- **... eine Idee:** Wie sieht ein Modell aus, das Unternehmen transformationsfähiger macht und effizienter zusammenarbeiten lässt?
- **... eine Inspirationsquelle:** Welche neuen Perspektiven können wir einnehmen, um gänzlich neue Möglichkeiten zur Strukturierung eines Unternehmens und Schärfung vorhandener Rollen zu entdecken?
- **.... ein Erfahrungsaustausch:** Welche konkreten Erfahrungen haben andere transformationserprobte Manager unterschiedlichster Ebenen gemacht – und was können wir aus Fails wie Best Practices lernen?

Struktur: Aufbau und Leitfragen

Wir beginnen unsere Reise in die Tiefen der Unternehmen mit einer ungeschönten Bestandsaufname – um nicht zu sagen einer Anamnese **(Teil 1):** Welche Faktoren kennzeichnen heute unser Arbeitsumfeld? Welche Antworten geben neue Methoden der Zusammenarbeit wie Agilität? Wie ticken die verschiedenen Akteure? Und vor allem: Macht die hier angestrebte stärkere Mitbestimmung und Eigenverantwortung jedes Mitarbeiters die Rolle von mittleren Managern und Führungskräfte sogar zukünftig obsolet?

Die Antwort auf diese Frage können wir schon vorausschicken: Bei den mittleren Managern landet in der Praxis mehr denn je auf dem Schreibtisch. Und genau deshalb braucht es zwei Dinge. Auf der einen Seite die Politik der kleinen Schritte: Für eine kurzfristige Bekämpfung der mit Transformationsbedarf einhergehenden Beschwerden geben wir Führungskräften und mittleren Managern in **Teil 2** konkrete Erste-Hilfe-Tipps: Pflaster, Desinfektionsspray sowie Nadel und Faden, um akute

(Transformations-)Wunden zu versorgen. Praktisch für alle, die in Unternehmen arbeiten, die sich wandeln und was voranbringen müssen – aber damit noch schwertun.

Auf der anderen Seite stoßen Pflaster und Heftklammer insbesondere bei größeren Wunden an ihre Grenzen. Deshalb wagen wir gemeinsam mit Ihnen in **Teil 3** einen Blick ins Innere: Wie stellen wir eine Organisation von der Mitte her so auf, dass sie dauerhaft transformationsfreundlich und durch die Transformation gesund werden kann? Was braucht es, um die Kraft aller Akteure besser zu nutzen als es im Status quo gelingt? Was beutet das für die Rolle der mittleren Manager? Ein konkretes Modell der Zusammenarbeit **(das 3C-Modell)** trägt dem Unternehmenskern Rechnung und fordert eines: den radikalen Perspektivwechsel.

Abgrenzung: Transformationsfähigkeit als Daueraufgabe
Wir beschreiben in diesem Buch nicht, wie Sie beispielsweise durch das Aufsetzen eines Projekts eine Organisation wandeln können. Das wäre zu kurz gesprungen, denn wir begreifen Transformation als Daueraufgabe. Die zentrale Frage lautet stattdessen: Was ist notwendig, um eine Organisation so aufzustellen, dass sie langfristig wandlungsfähig wird? Denn die Fähigkeit zur Transformation ist entscheidend, wenn wir uns der Frage stellen, welche Unternehmen in 10 oder 20 Jahren noch erfolgreich sein werden.

Damit ist klar: Veränderung ist kein Projekt, das man an Berater oder externe Transformations- oder Interims-Manager auslagern kann. Wir sollten sie als dauerhaften und bewussten Teil unseres Wirtschaftens in der Linie begreifen.

Kurzum: Die Fähigkeit der Transformation muss uns allen in Fleisch und Blut übergehen.

Gleichzeitig scheint es immer weniger Kollegen zu geben, die überhaupt bereit sind, Führungskraft zu werden, auch wenn sie die Fähigkeiten dazu hätten. Zu unattraktiv ist diese Rolle geworden. Perspektivisch führt das zu einer Lücke an fähigen Führungskräften, die es für erfolgreiche Transformation aber dringend braucht. Auch deshalb ist ein »neues Selbstverständnis« für mittlere Manager von Nöten. In der Mitte sein, quasi »mittendrin zu sein«, muss das Gefühl von Stolz und Freude auslösen, nicht von Beklemmung.

Deshalb lassen Sie uns eines nicht verlernen oder – wenn nötig – neu entdecken: Die Freude am Gestalten von Veränderungen.

Teil 1: Die Analyse

»Willkommen – zwischen Druck, Widerspruch und Ohnmacht«

»Die fetten Jahre sind vorbei!« Alle reden davon, wie viel sich für Unternehmen in den letzten Jahren geändert hat und welch große Herausforderungen heute bewältigt werden müssen: Bewährte Geschäftsmodelle werden von heute auf morgen obsolet. Neue Wettbewerber aus der ganzen Welt sind nur einen Klick entfernt und erhöhen den Druck auf langjährige Markführer. Die Kundenerwartungen steigen ins Unermessliche und Feedback ist jederzeit offen auf Bewertungsportalen einsehbar. Die Abhängigkeiten von Zulieferern und Partnern sind in Krisensituationen existenzbedrohend. Der Fachkräftemangel sorgt dafür, dass Mitarbeiter stärker ins Zentrum rücken und mehr Mitbestimmung erfahren. Und externe Faktoren wie Pandemie, Krieg oder Inflation sorgen für massive Unsicherheit – um nur einige Beispiele zu nennen.

Kurzum: Es herrscht Druck und es besteht Handlungsbedarf in Unternehmen. Um das zu ändern, werden jede Menge Initiativen gestartet. Transformation von Unternehmen und wie man sie bewusst, zielführend und in angemessenem Tempo gestaltet, ist in aller Munde. Und der Wandel wird uns auch nicht mehr verlassen. Schon der Volksmund sagt: Nichts sei so beständig wie er.

Mittendrin: Mitarbeiter, Führungskräfte, Unternehmenslenker. Wie gehen sie mit den Herausforderungen um? Wie arbeiten die verschiedenen Akteure zusammen, um die notwendigen Veränderungen vom Papier in die Strukturen der Unternehmen zu bringen? An der Antwort auf diese Frage wird erkennbar sein, welche Unternehmen dauerhafte Transformationsfähigkeit erlernen – und welche nicht.

Alles eine Frage der Zusammenarbeit

Genau deshalb wird es wird Zeit, ungeschminkt über die Art und Weise der Zusammenarbeit zu sprechen. Nur wenn sie funktioniert, können die gordischen Knoten durchschlagen werden, um Unternehmen effizienter, schneller und zukunftssicher zu machen. Ansonsten verlieren wir uns in Konflikten, Missverständnissen und Energien, die verpuffen.

Zu diesem Zweck werden Ihnen in diesem Buch – wie im Vorwort schon angekündigt – Beispiele aus der Praxis begegnen. Damit die Gesprächspartner offen sprechen konnten, haben wir Anonymisierung garantiert. Unsere Gesprächspartner stammen aus der Industrie (Technologie, Sportartikel sowie Lebensmittel), der Telekommunikation, der Energiewirtschaft, der Logistik, dem Finanz- und Versicherungswesen, der

IT-Branche, dem Beratungsumfeld sowie dem Bereich der Mobilität. Die Beispiele mögen subjektiv sein – zeigen aber, wie uns Herausforderungen auf allen Ebenen – und in nahezu allen Branchen – an ein Level der Überforderung bringen.

Alles beginnt mit der Notwendigkeit zur Transformation
Zu Beginn steht eine klare Begriffsdefinition: Was ist mit dem für uns zentralen Wort »Transformation« im betriebswirtschaftlichen Kontext eigentlich gemeint? Wikipedia bietet folgende Definition:

Definition aus Wikipedia

Transformation *(lateinisch trans, »über, hinweg« und lateinisch formare, »bilden, gestalten«) ist in der Betriebswirtschaftslehre und Volkswirtschaftslehre ein Prozess der wesentlichen Veränderung vom aktuellen Ist-Zustand zu einem angestrebten Ziel.*

Allen Veränderungsprozessen ist damit eines gemeinsam: Sie erfolgen nicht ohne Grund. Sie sollten – das steckt schon in der genannten Definition – »zu einem angestrebten Ziel« führen. Gleichzeitig hört Transformation nie auf. Sie ist und bleibt eine Daueraufgabe.

Die Digitalisierung: in erster Linie Vehikel
Die wissenschaftliche Literatur hat sich insbesondere in den letzten Jahren intensiv mit der ***»digitalen Transformation«*** beschäftigt. Entsprechend häufig begegnen einem die beiden Begriffe in Kombination, wenn man nach entsprechender Literatur sucht. Im Fokus der digitalen Transformation steht die Vernetzung über alle Wertschöpfungsstufen hinweg – zum Beispiel zwischen Unternehmen und Kunden – sowie die Nutzung neuer Technologien und der Einsatz der dazugehörigen Fähigkeiten zur Datengewinnung und zum Datenaustausch. »Die digitale Transformation kann für Unternehmen, Geschäftsmodelle, Prozesse, Beziehungen, Produkte etc. erfolgen, um die Leistung und Reichweite eines Unternehmens zu erhöhen« (Schallmo & Rusnjak, 2016, S. 5).

Die Mehrheit der Veränderungen in Unternehmen hängt mit der Digitalisierung zusammen. In der Regel ist diese aber nur der ***Enabler*** – der Möglichmacher – auf dem Weg zu einem Zielbild – zum Beispiel ein kundenzentriert ausgerichteter Konzern zu sein – und damit kein Ziel per se. Ein schlechter Prozess bleibt ein schlechter Prozess – auch wenn er digital ablaufen mag.

Wenn wir im Folgenden von Transformation sprechen, ist deshalb von ***Fähigkeit zu notwendiger Veränderung*** im Allgemeinen die Rede. Betreffen kann das die Unternehmenskultur, die Markenausrichtung, Vertriebsmodelle oder auch die Produkt- und Prozessgestaltung. Da nicht alle diese Veränderungen unmittelbar mit Digitalisierung zusammenhängen, sondern auch das Mindset, das Geschäftsmodell oder die strategische Ausrichtung betreffen können, bevorzugen wir den nackten Begriff: ***Transformation.***

Transformation – das sind auch die vielen kleinen Schritte

Wer treibt die Transformation voran und wie laufen Veränderungsprozesse in den Unternehmen *wirklich* ab? Hier sei vorausgeschickt: Oft beginnt diese statt mit dem großen Transformations-Masterplan schleichend mit dem Druck und daraus resultierenden Verbesserungsansätzen der Mitte. Veränderungen passieren über viele kleine Schritte – statt mit dem einen großen Wurf. Genau deshalb sind die mittleren Manager bei einer Transformation in so besonderem Maße involviert.

Aufbau Teil 1

Bevor wir Ihnen in den Kapiteln 6, 7 und 8 die konkreten Handlungsempfehlungen an die Hand geben, wie Sie (gerade im mittleren Management) solche Verbesserungen voranbringen, Entscheidungen erwirken und damit – ganz nebenbei – den Wandel vorantreiben können, steht in **Teil 1** eine Analyse des Settings: Welche Parameter prägen unser Welt? Wie stellen sich Organisationen darauf ein? Und wie die Akteure der verschiedenen Hierarchie-Ebenen?

Wir blicken in Kapitel 1 bis 5 also auf die Spannungsfelder, die sich insbesondere für Manager in der Mitte, also Manager in einer so genannten Sandwichposition auftun – aus denen aber auch Unternehmenslenker und Topentscheider lernen können. Also auf die Spannungsfelder zwischen Aufbruch und alter Tradition, zwischen neuen Methoden der Zusammenarbeit und über Jahrzehnte aufgebauten Strukturen, zwischen idealtypischer Führung und der Art und Weise, wie sie in der Praxis gelebt wird, zwischen den Erwartungen von oben und unten – also zwischen C-Level und Mitarbeitern, zwischen Unsicherheit von außen, Aktionismus von innen und dem daraus resultierenden Gefühl von Ohnmacht.

1 Das Setting

»Schöne neue Welt – Freud oder Leid?«

Veränderungsprozesse in Unternehmen laufen nicht wie in einem Labor unter klinischen Bedingungen. Sondern in den Büros, Stores und Produktionsstätten zwischen Flensburg und Garmisch-Partenkirchen. Und hier menschelt es gehörig. Deshalb sind die Gesichter der Transformation von Emotionen und menschlichen Stärken, aber auch eben Schwächen geprägt. Von Unsicherheit, die manchmal zur Angst wird. Von Zurückhaltung, die uns davon abbringt, Entscheidungen zu treffen. Von einem fehlenden Kompass, der uns in unsicheren Zeiten Orientierung geben könnte. Und von Konflikten, wenn Ressourcen eng werden.

Warum das so ist? Die Veränderung der letzten Jahre und der Bedarf sich selbst zu verändern, fordert von uns allen Skills, die wir erst lernen müssen. Und das gilt für alle Ebenen. Gefordert sind jetzt Dinge, die damals in der Schule, der Ausbildung und auch der Uni noch nicht auf dem Lehrplan standen, und Eigenschaften, mit denen wir Menschen uns von Haus aus nicht leichttun.

Genau diese Veränderungen als auch die daraus resultierenden Anforderungen schauen wir uns im Folgenden genauer an: Welche Rahmenbedingungen prägen unsere Businesswelt? Und was braucht es deshalb für die Praxis?

1.1 Willkommen in der Unsicherheit

»Können wir VUCA?«

Welches Gefühl bleibt zurück, wenn Sie morgens oder abends die Nachrichten einschalten? Bei all den vielen Meldungen kann das eines sein: Das Gefühl von Unsicherheit. Oder anders formuliert und tausendfach zitiert: »Willkommen in der VUCA-Welt.« Für ein besseres Verständnis für den Kontext, in dem wir alle arbeiten, werfen wir zunächst einen Blick auf die Faktoren und Informationen, die uns, unsere Welt und unser Wirtschaften sekundenschnell auf den Kopf stellen können. Jeden Tag, jederzeit.

Der Angriffskrieg gegen die Ukraine. Die Energiekrise, die die Inflation befeuert. Ein Virus aus China. Der Klimawandel, der ohnehin alles bedroht. Alles, was früher weit weg gewesen wäre, kommt uns sehr nah. Aus dieser Gemengelage entsteht eine Unsicherheit, der sich nur wenige entziehen können. Und die nicht nur im Privaten, sondern auch im Business durchschlägt: Kommt die bestellte Lieferung rechtzeitig? Können wir die nächste Energierechnung noch bezahlen? Wie reagiert der Verbraucher, auf die Preise, die wir anpassen müssen? Auf welchen Kanälen erreiche ich diesen überhaupt noch mit meinen Marketingmaßnahmen? Welche Pandemieregeln müssen wir in der Winterzeit am Arbeitsplatz einhalten? Wie reagieren wir bei einem Blackout? Wie finde ich die so dringend benötigten Mitarbeiter? Fragen wie diese prasseln auf Entscheider in Unternehmen ununterbrochen ein.

Die Literatur hat für dieses Phänomen einen mittlerweile etablierten Begriff gefunden. VUCA – stellvertretend für:

Volatilität (Volatility),

Unsicherheit (Uncertainty)

Komplexität (Complexity) und

Mehrdeutigkeit (Ambiguity)

VUCA ist die in ein Akronym gepackte Beschreibung unserer Wahrnehmung. Eine Wahrnehmung, von den Dingen, die mehr denn je auch die Wirtschaft und unsere Arbeitswelt durcheinanderwirbeln.

Der Begriff entstand bereits in Zeiten, in denen der Kalte Krieg endete und wurde geprägt, um genau solche Situationen von starker Unwägbarkeit, in denen tradierte Prozesse in Organisationen nicht mehr wirken, zu kennzeichnen. Und Unwägbarkeiten gibt es jede Menge: »Digitalisierung, Automatisierung, Künstliche Intelligenz (KI), globale Erwärmung, Umweltschutz, Ressourcenmangel, Terrorismus, Geflüchtete, Globalisierung, Demografie, Fachkräftemangel, Biotechnologie, Gentechnik, Steueroasen, die Wohlstandsschere – jedes Thema wird sich massiv auf unsere Zukunft auswirken« (Permantier 2019, S. 19).

Das Prekäre an der VUCA-Welt: Über Jahrzehnte gesammelte Erfahrungswerte können innerhalb von wenigen Tagen, Stunden, Sekunden auf den Kopf gestellt werden. Das heißt: Jeden Tag alles auf Anfang. Wussten wir früher noch: Wenn wir uns für Weg A entscheiden, hat das mit einer hohen Wahrscheinlichkeit B zur Folge. Heute kann die Folge auch C, D, E oder X, Y, Z sein. Oder Zero. Zudem haben die Abhängigkeiten zugenommen. Ziehe ich an einem Ende, kann das Auswirkungen auf einen ganz anderen Handlungsstrang haben, die ich vorher nicht abgesehen haben. Und bevor wir eine Herausforderung erfolgreich gelöst haben, liegen mitunter schon drei neue auf dem Tisch. Herausforderungen, die sich nicht eindeutig bewerten, sondern von verschiedenen Perspektiven auch ganz verschieden interpretieren lassen. Oder anders gesagt: »Mit altem Denken können wir neue komplexe Herausforderungen nicht lösen« (Permantier 2019, S. 18).

Der Druck steigt

Auf uns prasselt also jede Menge ein. Gleichzeitig stehen wir auf einem wackligen Untergrund, weil wir nicht wissen, wie damit umzugehen ist. Das macht vor allem eines. Es erhöht den Druck. Und auch wir selbst tragen in gegenseitigen Interaktionen dazu bei, diesen Druck zu erhöhen. Unternehmen und ihre Manager wetteifern um den Erfolg und stehen in einem fortwährenden Kosten- und Leistungskampf. Wettbewerber erbringen Leistungen günstiger oder besser – oder sorgen schlimmstenfalls dafür, dass es mein eigenes Produkt- oder Dienstleistungsangebot gar nicht mehr braucht. Und manchmal sind wir alle auch nur Opfer einer gelungenen Illusion, weil sich der Wettbewerber auf LinkedIn oder in der letzten Presseinformation gut verkauft. Wir wollen mithalten, Schritt halten, besser sein. Insbesondere weil wir jeden Tag vor Augen geführt bekommen, dass es anderen zu gelingen scheint.

Branchenspezifische Druckpunkte bringen VUCA an den eigenen Arbeitsplatz

Verstärkt wird das allgegenwärtige VUCA-Gefühl durch konkrete und benennbare branchenspezifische Druckpunkte, die das Gefühl der Unsicherheit für die Unternehmen erlebbar machen: In manchen Branchen ist das zum Beispiel das zunehmende Maß an Regulierungen sowie das Ende des Niedrigzinsumfeld. Ein Beispiel, wie schnell sich die Dinge auch wieder verändern können. In anderen Branchen sind es hingegen zum Beispiel drastisch steigende Energiepreise, die ein Umdenken in der Produktion oder der Energiebeschaffung erfordern, oder die Anforderungen an den Gesundheitsschutz, der in Zeiten den Coronapandemie in einen neuen Fokus gerückt ist. Themen, die also nicht nur weit weg sind, sondern von denen von den Unternehmenslenkern ganz konkrete Antworten gefunden werden müssen – und die damit den Druck auf Topmanagement, Führungskräfte aber auch die Mitarbeiter spürbar machen.

Scheitert der Mensch an VUCA?

Wie gehen wir also mit dem Gefühl um, das VUCA in uns auslöst? Ist der Mensch überhaupt dafür ausgelegt, darauf eine gute Antwort zu finden? Trägt er nicht mit seinem Verhalten zur VUCA-Welt verschärfend bei? Machen wir die Welt durch unseren Umgang mit Unsicherheit und Mehrdeutigkeit selbst noch unsicherer, mehrdeutiger und komplexer? Oder anders gefragt: Wie lautet unsere konkrete Antwort auf eine Welt, die unvorhersehbar und unbeherrschbar geworden ist?

Die Erfahrung und die Gespräche, die wir mit Vertretern unterschiedlichster Unternehmen geführt haben, lassen den Schluss zu: Wir drohen an der VUCA-Welt zu scheitern. »Keiner sieht sich befähigt, den Wandel zu starten, und keiner sieht sich als Verursacher. So verhält sich die gemeinsam geschaffene Unternehmenskultur als Potenzialbremse« (Permantier 2019, S. 22). Vielleicht liegen die Methoden auf dem Tisch, doch fehlen uns noch immer die Skills, mit Volatilität, Unsicherheit, Komplexität und Mehrdeutigkeit angemessen und souverän umzugehen.

Woran wir das fest machen? Anstelle sich gerade in Zeiten von VUCA auf ein klares Ziel zu fokussieren und daran auszurichten, lassen wir uns von Volatilität und Mehrdeutigkeit anstecken. Wir wollen schnell und flexibel reagieren und drohen dabei zu übersteuern und wankelmütig zu werden. Statt klarer Ansagen erleben wir mehrdeutige Botschaften, die von jedem individuell und damit anders interpretiert werden können.

Beispiel: Mehrdeutigkeit im Alltag

Alexandra ist Leiterin von Human Resources in einem internationalen IT-Unternehmen und beschreibt das Phänomen von gelebter Mehrdeutigkeit in der Praxis:

»Von unserer Geschäftsleitung wurde ein Ziel ausgerufen: 777 Millionen EUR Umsatz. Das schafft auf den ersten Blick Orientierung. Wir wissen, was wir erreichen wollen. Aber es sagt nicht, wo wir hinwollen. Das Ergebnis: Im Konzern ziehen unterschiedliche Abteilungen in verschiedene Richtungen. Es gibt zwar eine numerische Vorgabe, jedoch keinen Inhaltliche Komponente. Zudem erfordert ein Wachstumsziel auch zu Investieren. Wir haben aber gleichzeitig auch konkrete Sparziele wie die Senkung unserer Prozesskosten. Ich, als Führungskraft, fühle mich ›lost‹: Darf ich nun Investitionen freigeben und das Prozesskostenziel gefährden, um die 777 Millionen erreichbar zu machen, oder ist es eher die Effizienz, die uns wichtig ist? Ich erhalte kleine klare Antwort. So schafft ein klarer Ausruf im Zweifel mehr Desorientierung und Unsicherheit – als dass er Halt gibt – so plakativ er auch sein mag.«

1.2 Vom Teufelskreis der Verzögerung

»VUCA next level – hausgemacht!«

Dass die Welt volatiler, unsicherer, komplexer und mehrdeutiger geworden ist, daran können wir nichts ändern. Aber wir können beeinflussen, wie wir damit umgehen. Oder alles versuchen auszusitzen – und damit schlimmer machen.

Man könnte bei der Beschäftigung mit dem Phänomen VUCA den Eindruck gewinnen, wir hätten in einer perfekten Zeit gelebt, bis VUCA plötzlich wie von selbst über unsere globalisierte Welt hinweg gekrochen ist und Land für Land, Unternehmen für Unternehmen und Mensch für Mensch mit einer Schicht von Unsicherheit, Komplexität und nicht verarbeitbarer Mehrdeutigkeit überzogen hat. Natürlich gibt es Faktoren von Unsicherheit und Chaos, die niemand beeinflussen kann und die primär aus unserer globalisierten, komplexen Welt resultieren. Doch was wir gerne vergessen: Andere Einflussfaktoren sind hausgemacht – und sorgen dafür, dass der Nebel, den die VUCA-Welt mit sich bringt, dichter und dichter wird. Unsicherheit made in Germany.

Prokrastination schafft Unsicherheit

Einer dieser Faktoren: Verzögerung. Konkret für Unternehmen heißt das: Der Druck wird verschärft, wenn vorausgegangene (oder aktuelle) Management-Ären entscheidende Investitionen gescheut oder aufgeschoben haben, Dinge ausgesessen statt angegangen haben, die falschen Prioritäten gesetzt haben, oder einfach prokrastiniert haben. Damit wurden dem aktuellen Management und den jetzt agierenden Führungskräften zum Teil schwere Bürden auferlegen.

So wurden damals vielleicht gute Kostenquoten erzielt, notwendige Investitionen oder Entscheidungen aber nicht getätigt. Besteht jetzt Nachholbedarf stehen die Unternehmen unter nochmal größerem Druck, weil Mitbewerber fortschrittlicher und effizienter arbeiten. Was auf globaler Ebene ein Klimawandel ist, der schon seit Jahrzehnten bekannt ist, aber erst die letzten Jahre ernsthaft in den öffentlichen Diskurs gerückt ist und Entscheidungen für Maßnahmen erfordert, das erleben Unternehmen im Kleinen dann ähnlich. Beiden Ebenen ist gemeinsam: Das Aufschieben von Entscheidungen verschärft das Problem nur. Und jetzt ist es – je nach Blickwinkel – fünf vor oder auch fünf nach Zwölf.

Beispiel: Gescheitertes Aussitzen

Markus verantwortet das Key-Account-Management bei einem Lebensmittelhersteller und beschreibt Phänomen und Konsequenz des Prinzips »Aussitzen«:

»Unser gesamtes Kunden- und Logistikhandling basiert auf einem in die Jahre gekommenen IT-System. Das macht unsere Prozesse zu langsam und es sind mehr händische Arbeiten notwendig als bei anderen Unternehmen. Während der Wettbewerb Vorgänge automatisiert, Personalpunkte auslaufen lassen kann und Produkte damit sogar günstiger kalkulieren kann, geraten wir immer mehr unter Druck. Da das IT-System heutige Sicherheitsstandards nicht erfüllen kann, es zudem keine Spezialisten auf dem Markt gibt, die es weiterentwickeln könnten, muss das System nun doch abgelöst werden. Das reißt ein großes Loch in die Kostenplanung. An einen Personalabbau ist nicht zu denken, weil die Mitarbeiter beide Systeme parallel pflegen müssen. Die Kosten laufen also davon – sowohl auf Investitionsebene als auch auf Personalkostenebene – bei tendenziell reduzierten Umsatzeingängen. Und es gibt nicht nur einen Vorstandsbereich, in dem wir solche Herausforderungen feststellen. Die Herausforderungen beginnen sich zu potenzieren. Dies führt dazu, dass sich mehrere Abteilungen um einige wenige Ressourcen prügeln.«

Warum Verteilungskämpfe die Konsequenz sind

Bleiben wir bei der Analogie Klimawandel: Wohin haben die Welt fehlende Entscheidungen in Sachen CO_2-Reduktion gebracht? In erster Linie in einen noch Verteilungskampf. Die Zahl der Menschen auf unserem Planeten wird mehr, Ressourcen werden knapper. Zunehmende Klimakatastrophen verschärfen die Lage. Das passiert in ähnlicher Form auch in Unternehmen: Weil gleich in mehreren Vorstandsbereiche ein Investitionsstau und Druck zu handeln herrscht, beginnen Verteilkämpfe. Verteilkämpfe, die aufwändiger werden und mehr Kraft kosten können als die Arbeit an den eigentlichen Projekten. Das verschärft die Problematik und kann Unternehmen in chaotische Zustände stürzen. Die Konsequenz in der Belegschaft: Unsicherheit, aber auch Unzufriedenheit nehmen zu.

Investitionen in die Zukunft muss man sich also erst einmal leisten können. Bitter ist, wenn das Geld eigentlich mal da war – Entscheidungen aber aufgeschoben oder Investitionen an falscher Stelle oder zum falschen Zeitpunkt getätigt wurden.

VUCA next Level: BANI

Verzögerung und die damit einhergehenden Verteilungskonflikte verschlimmern die Situation. Wir sind *»next Level«*. Das hat auch die wissenschaftliche Literatur erkannt. VUCA reicht nicht mehr aus, um die Welt um uns herum angemessen zu beschreiben. So hat der amerikanische Zukunftsforscher Jamais Cascio die Herausforderungen unserer Tage in einem neuen Akronym zusammengefasst: ***BANI.***

BANI setzt sich zusammen aus:

B für Brittle (Brüchig)

A für Anxious (Ängstlich)

N für Non-Linear (Nicht linear)

I für Incomprehensible (Nicht verständlich)

Mit dem Terminus BANI werden nicht nur instabile Strukturen, sondern chaotische Zustände verstehbar gemacht, weil mehrdeutige, komplexe und gänzlich unverständliche Systeme sichtbar gemacht werden. »VUCA reicht als Erklärungsmodell nicht mehr aus, um die aktuellen Herausforderungen für Unternehmen und auch für die gesamte Gesellschaft zu erklären. Es braucht dafür ein neues Denkmodell, das das alte Konstrukt weiterdenkt. BANI ist genau das – die Weiterentwicklung dessen, was aus der VUCA-Welt folgt. Während VUCA immer noch ein sinnvolles und verständnisförderndes Modell ist, geht BANI einen Schritt weiter. Dieses Modell erklärt nicht nur die Herausforderungen der aktuellen Situation, sondern auch die anhaltenden Folgen daraus« (Mauritz, 2021).

Und so wird aus einer Unsicherheit beispielsweise Besorgnis, ja Angst – und das Prinzip Chaos in Form von Fragilität, nicht linearen Verläufen und absoluter Unverständlichkeit zum Rahmen, innerhalb dem Unternehmen heute zu wirtschaften haben. Dieser Rahmen ist genauso fragil wie die Prozesse in ihm selbst. Kurzum: Die Grundlage des Wirtschaftens ist brüchig und chaotisch geworden – auch für deutsche, über Jahrzehnte erfolgsverwöhnte Traditionsunternehmen.

Entscheidungen? Gerne mal zurückgestellt

Doch warum tut man sich so schwer in einer Welt von VUCA und BANI überhaupt Entscheidungen zu treffen? Zum einen verändern sich die Parameter, die auf die Entscheidung einwirken – und das schon während eines Entscheidungsprozesses. Wie also eine treffsichere Entscheidung vorantreiben, wenn das Ziel sich bewegt? Ist es da nicht menschlich, sich stärker auf kontrollierbare Details zu fokussieren? Oder sich Optionen möglichst lange offen zu halten, um im Zweifel erst später zu priorisieren?

Doch das Schizophrene daran: Ist die Welt unsicher und entscheide ich deshalb nicht oder nur zögerlich, wächst der bereits bestehende Berg an Problemen und die damit verbundene Unsicherheit wird nur noch größer. Das Prinzip Teufelskreis schlägt zu. Und Angst als Begleiter war in der Geschichte der Menschheit in vielen Fällen nicht der beste Ratgeber.

Zusammenfassend lässt sich also sagen: Wir schieben die Herausforderungen, die uns Tag für Tag begegnen, gerne auf die BANI-Welt und vergessen dabei, dass unsere Vorgänger, und zuweilen wir selbst, zur Unsicherheit und Chaos beitragen – und darüber hinaus durch unser Wirken oder auch Nichtwirken die Situation verursachen und verschärfen. Bevor wir uns aber deshalb in der Vergangenheit und dem Prinzip *»Hätte, hätte, Fahrradkette«* verlieren – hier die gute Nachricht: Gemäß dieser These liegt in uns ebenso die Kraft, die Herausforderungen in einem BANI-Umfeld aus eigener Kraft entschärfen und lockern zu können.

1.3 Vom fehlenden Leitstern

»Den Kompass dabei?«

In vielen Unternehmen wird in unterschiedlichste Richtungen gezogen. Heute sind wir der beste Produktgeber, morgen stark im Vertrieb, und dabei sowieso nachhaltig. Und immer günstig oder zumindest Preis-/Leistungssieger. Morgen investieren wir, heute sparen wir Kosten. Oder war es genau umgekehrt? Wonach soll ich als Führungskraft meine eigenen Entscheidungen ausrichten, in welche Richtung mein Team sensibilisieren, wenn die Leitplanken sich konsequent verändern? So wird die globale Widersprüchlichkeit im Unternehmen auf kleiner Ebene fortgeführt – statt entschärft.

Ganz gleich, was die Auslöser für den Nebel aus Unsicherheit und Chaos sind, den wir in diesen Zeiten mehr spüren denn je, wir dürfen in ihm nicht verloren gehen. Ein Leitstern, der uns hier durchführt, würde helfen: Ein Fixpunkt, an dem wir Entscheidungen ausrichten können, der uns eint und Sicherheit gibt, auch mehrdeutige Welten zu bewältigen. Genau dieser Leitstern fehlt – zu oft.

Das führt vor allem zu einem: Unternehmen selbst scheinen sich – genau wie die Welt da draußen – in ihren Transformationsprozessen in Widersprüchen zu verlieren. Sie wollen Kosten sparen, sich aber gleichzeitig für die Zukunft ausrichten, also investieren. Sie wollen nachhaltig sein und gleichzeitig auf Komfort nicht verzichten. Der Service muss stark sein, der Preis ebenso. Diese Ziele lassen sich wohl kaum alle gleichzeitig erreichen. Das haben wir schon beim Magischen Dreieck gelernt. Schnell und gut geht nicht günstig. Günstig und schnell ist selten gut. Gut und günstig geht nicht in schnell. Doch das scheint vergessen.

Warum pendeln Unternehmen zwischen den verschiedenen Extremen? Weil die klare Positionierung fehlt.

Beispiel: Fehlender Leitstern führt zu erlebter Widersprüchlichkeit

Stefanie ist Marketingleiterin bei einem traditionsreichen Telekommunikations-Anbieter und hat den Umgang mit Widersprüchlichkeit in Unternehmen am Beispiel des Self-Service-Portals für die Kunden des Konzerns erlebt:

»In der Zeit, in der ich seinen Auf- und Ausbau begleitet habe, bin ich mit dem Team durch unterschiedlichste Phasen gegangen. Die Bedeutung des Portals für die Kunden wurde von den gleichen handelnden Personen nahezu täglich anders bewertet. Angefangen bei: ›Natürlich! Das ist eines unserer Schlüsselprojekte, schließlich sind wir ein kundenzentriertes Unternehmen – und der Kunde soll möglichst komfortabel serviciert werden‹ bis hin zu: ›Unsere Investoren interessiert das Kundenportal nicht. Und überhaupt: Wir konzentrieren uns auf unsere Vertriebspartner, nicht auf den Endkunden, da kommt das Geschäft her.‹ Das Budget für das Projekt wird entsprechend zusammengestrichen, nur um es kurze Zeit später zu erhöhen. Nicht, weil man den Kundennutzen nun doch in der Strategie verankert hat, was eine wegweisende Entscheidung und die einzig richtige Begründung gewesen wäre. Viel mehr, weil das Portal als Vehikel entdeckt wurde, Papierpost zu sparen. Das ist zwar schön, weil es die Aufmerksamkeit fürs Projekt und Team erhöht. Die Idee, dass das Self-Service-Portal eines der Leuchtturmprojekte für die proklamierte, kundenzentrierte Arbeitsweise des Konzerns ist und allein deshalb als Schlüsselthemen berücksichtigt gehört, bleibt unverstanden. Die Kundenzentrierung als Leitstern, sie scheint mir nicht fest genug verankert und stattdessen nur dann gültig, wenn es gerade gut passt.«

Widersprüche erfordern umso mehr eigene Klarheit

Nun könnte man sagen, es ist genau die Kunst mit der Widersprüchlichkeit unserer Zeit umzugehen und flexibel auf die verschiedenen Anforderungen zu reagieren. Das ist richtig, aber damit macht man es sich zu einfach. Gerade Widersprüchlichkeit erfordert, sich auf eine klare Ausrichtung zu fokussieren. Denn je widersprüchlicher die Welt ist, umso klarer muss der eigene Kompass sein.

Wie man diesen Kompass auch nennen möchte: Es geht um eine Ausrichtung auf der obersten Ebene. Diese Ausrichtung bildet den Leitstern, wohingegen sich der Weg und die Etappen dorthin gemäß den sich regelmäßig wandelnden Rahmenbedingungen stets anpassen lässt.

Einigen Unternehmen scheint das zu gelingen. Wer in Deutschland produziert und zu 100 Prozent auf Qualität setzt, wird sich genau darüber positionieren – und nicht die Preisführerschaft anstreben. Wer sich als Discout-Anbieter positioniert, wird die Entscheidungen am Preis ausrichten. Beide Routen geben Ausrichtung und Halt in turbulenten BANI-Zeiten. Wer sich hingegen nicht entscheiden kann, sei es zwischen Qualität vs. Kosten, Standardisierung vs. Customizing oder zwischen Nachhaltigkeit vs. Preisführerschaft, dem fehlt eine wichtige Hilfe beim Treffen von Entscheidungen.

Verschärfung statt Peilung

Wie wird in manch anderen Unternehmen mit Zielen gearbeitet? Vergleichen wir es mit einer Mount-Everest-Besteigung: Auch hier kann der Weg oder die Route nicht klar sein. Da ein Pass gesperrt ist oder das Wetter plötzlich umschlägt. Es fehlt ein Sicherungswerkzeug oder ein Routen-Teilnehmer entschließt sich umzukehren. Eines bleibt für die Expeditionsgruppe aber doch immer klar: Wir wollen auf genau diesen Mount Everest. Das ist der »Leitstern«.

In der Praxis in Unternehmen treten im übertragenen Sinne vergleichbare unangenehmen Überraschungen auf. Was ist angebracht? Sich langsam Vortasten. Alternative Routen suchen. Verstärkung holen.

Was erleben wir in der Praxis? Aufgrund der Widrigkeiten wird das Ziel in Frage gestellt. Statt auf den Mount Everest soll es nun auf den Nachbargipfel gehen. Der mag Luftlinie gar nicht weit weg sein. Dass die ganze Expedition aber mühsam umkehren muss und die Luftlinien als Weg nicht funktioniert, scheint bei der Entscheidungsfindung nicht berücksichtigt zu sein. Und was bleibt bei der Mannschaft zurück? Genau das, was es in unsicheren, volatilen, ja brüchigen Zeiten nicht braucht. Frustration und Unsicherheit. Denn der Weg zu den ersten Etappen war umsonst. Und das Umkehren und neu starten kosten extra Kraft. Dazu kommen Zweifel, dass auch das nächste ausgerufene Ziel nur von kurzer Dauer sein könnte.

Beispiel: Zu schnell wechselnden Zielrichtungen

Stefanie, Marketingleitung bei einem Telekommunikationsanbieter, die wir aus dem weiter vorne genannten Beispiel bereits kennen, berichtet uns hier von einer solchen Situation:

»Ich habe über mehrere Jahre den Umgang mit einer eigenen Gesellschaft begleitet, die sich mit der Entwicklung von neuen Produkten auseinandersetzen sollten. Sandbox pur und losgelöst aus unserer Organisation – mit entsprechender Start-up-Atmosphäre und

Innovationsfokus. Das Problem: Die Zielsetzung und der damit einhergehende Anspruch an die Gesellschaft haben sich mehrfach geändert. Zunächst wurde die Gesellschaft mit dem Ziel der Produktentwicklung und des Testens derselben gegründet. Dem hat man wenig Zeit und Unterstützung gegeben. Und so war viel zu schnell der Anspruch da, ein Profitcenter zu sein, das Stückzahlen und Vertriebserfolge einfahren muss. Die anfangs geholten Personen passen zu diesen veränderten Skills aber gar nicht und haben die Gesellschaft dann prompt wieder verlassen. Und aktuell? Da überlässt man die Einheit in erster Linie sich selbst. Weil man nicht mehr weiterweiß, werden die Vertreter der Einheit nun aufgefordert, selbst das Ziel zu bestimmen. ›Na, überlegt euch halt selbst, wo ihr hinwollt.‹«

Beispiele für Verunsicherungen liefern – so ist zumindest immer wieder zu lesen– auch etablierte Konzerne wie RTL. Darüber hatte Medieninsider.com berichtet. So soll CEO Thomas Raabe mit der ausgerufenen Strategie »One App, all Media« nachweislich abgerechnet haben: »Ich glaube nicht, dass wir am Ende ein Produkt im Sinne von einer App haben werden. Ich glaube, dass überfordert den Nutzer. Das ist dann die Super-App, die alles kann, aber niemand will« (Schade, 2023). Und das ließ Raabe verlauten, während genau diese Strategie intern als die Lösung für die Zukunft positioniert wurde. Von der Kommunikationschefin wurde das Statement dementiert, die Verunsicherung in der Konzernzentrale bleibt: »Zwar ist es genauso üblich, Pläne im laufenden Prozess an neue Bedingungen anzupassen, Prioritäten neu zu setzen und Einzelheiten zu verändern. Der Frust über das Vorgehen ist intern allerdings hoch, weil sich die Pläne immer weiter verzögern und unverbindlicher werden. ›Man diskutiert gerade wirklich auf Tagesbasis‹, so ein Projektvertrauter. Frisch getroffene Absprachen könnten schon morgen wieder anders lauten. An einigen Stellen fragen sich die Leute nach signifikanten Fortschritten« (Schade, 2023).

Warum ist die gemeinsame Zielrichtung eigentlich so wichtig? »Eine Grundfunktion von Strategie im Allgemeinen und Visionen im Speziellen ist (…), dass sie denn Organisationsmitgliedern Orientierung geben. Sie vereinen – im Idealfall – alle Führungskräfte und Mitarbeiter in ihrem Handeln, das auf ein großes Ziel ausgerichtet ist. Aber nicht nur das Ziel als grobe Richtung sollte klar sein, sondern eine Strategie gibt Leitplanken auf dem Weg zum Ziel – sie ist sozusagen der ›Schlachtplan‹, den alle gemeinsam umsetzen. Eine gut formulierte und plakativ-emotional kommunizierte Vision – oder auch Mission – kann ungeahnte Energien im Allgemeinen und beim Mittleren Management im Speziellen freisetzen« (Walter, S. 201).

Zusammenfassend lässt sich unser Setting damit wie folgt beschreiben. Wandel und Transformation bleiben beständig – immerhin das. Es geht deshalb nicht darum, von außen Transformations-Manager zu holen, die Ordnung ins eigene Chaos bringen und einzelne Initiativen anstoßen oder umsetzen – und »nach getaner Arbeit« wieder von dannen ziehen.

Stattdessen lautet das Ziel: Eine Organisation und ihre Menschen müssen sich so aufstellen, dass sie unserer chaotischen Welt und der daraus resultierenden Notwendigkeit des Wandels angemessen begegnen und zwar dauerhaft. Dazu braucht es passende Strukturen und Methoden – und Menschen, denen es gelingt, diese Methoden anzuwenden sowie die Definition des Leitsterns zu verstehen.

Deshalb betrachten wir in den beiden folgenden Unterkapiteln diese Fragen:

- In welcher Struktur und mit welchen Methoden wird Zusammenarbeit aktuell gestaltet?
- Wie gehen die handelnden Personen mit den Herausforderungen der volatilen Welt um?

2 Der Status quo unserer Form der Organisation

»Eine riskante Mischung«

Die neue Unberechenbarkeit unserer Welt, die wir in Kapitel 1 beschrieben haben, verlangt Organisationen ab, sich auf sie einzustellen. Auf der einen Seite geht es darum, robust, resilient und fest verankert zu sein, wenn die Organisation in Unsicherheit gerät. Auf der anderen Seite muss die Organisation beweglich und flexibel sein, um sich kurzfristig gemäß neuer Informationen und Erkenntnisse auszurichten.

Organisationen und Unternehmen haben sich immer auf Veränderungen eingestellt und ihre Modelle hinsichtlich Struktur und Ablauf auf Anforderungen von außen angepasst. Vom Taylorismus in Zeiten der Industrialisierung über die Matrixorganisation der 1960er-Jahre bis hin zu den Strömungen der Holokratie gibt es verschiedenste Ansätze, wie ein Unternehmen geführt und strukturiert werden kann. Dominiert wird der Arbeitsalltag allerdings von hierarchischen Organisationsformen, erweitert um neue Methoden. Diese ergänzen die vorhandenen Strukturen, lösen sie jedoch nicht ab. Das birgt Risiken, aber auch Chancen.

2.1 Hierarchie ...

»Der bestimmende Status quo.«

»Wir sind überwiegend hierarchisch aufgestellt« – das sagt noch immer die Mehrheit der Unternehmen über sich selbst. Die klassische Hierarchie-Pyramide ist die bestimmende Organisationsform, auch wenn vereinzelt Zwischenebenen reduziert wurden. Die Pyramide – sie ist hier und da flacher (und manchmal brüchig) geworden, bleibt aber die bestimmende Form.

80 Prozent der Mitarbeiter in Deutschland wünschen sich flache Hierarchien, doch nur 29 Prozent arbeiten tatsächlich in flachen Strukturen. Das hatte eine Studie von Stepstone/Kienbaum im Jahr 2017 ergeben. Wie viel ist seitdem passiert? Laut der Studie »Potenzialanalyse Organisation x.O« von Sopra Steria in Zusammenarbeit mit dem F.A.Z.-Institut aus dem Jahr 2021 hat sich hier zuletzt wenig getan: Nur in 28 Prozent von Unternehmen und Behörden wurden in den zurückliegenden zwei Jahren Hierarchie-Ebenen tatsächlich reduziert. Den Druck sich organisatorisch neu aufzustellen beschreiben 67 Prozent der Befragten allerdings als entweder sehr bzw. eher groß.

Zwischen Langsamkeit und Sicherheit

Ein Arbeiten in hierarchischen Strukturen gilt als behäbig. Lange Abstimmungswegen führen zu Reibungsverlusten und mühevollen Entscheidungen. Die Kommunikation läuft nicht direkt, Gestaltungsfreiheit und Wertschätzung der Meinung und Kompetenz des Einzelnen sind geringer ausgeprägt. Die Studie von Stepstone/Kienbaum (2017) konstatiert zudem einen unmittelbaren umgekehrten Zusammenhang zwischen Hierarchie und Innovationsstärke: je flacher die Hierarchie, umso stärker die Innovationsleistung.

Gleichzeitig bringen feste Hierarchien und damit Verantwortlichkeiten und Berichtsstrukturen in Unternehmen auch Vorteile, auf die auch die Mitarbeiter nicht gänzlich verzichten wollen: »Den Chef ganz abschaffen, das wollen aber nur die wenigsten«, so ein Artikel auf Zeit.de (Groll, 2017). »Fast zwei Drittel wünschen sich dennoch eine Führungskraft, die klare Anweisungen gibt – sie aber nicht bei der Umsetzung überwacht«. Auch die Perspektive, in der Organisation aufzusteigen, darf als Anreiz, Leistung zu bringen, nicht unterschätzt werden, obgleich dieser Anreiz in den letzten Jahren an Bedeutung verloren hat. Denn es bleibt die Frage: Wo sind die Indianer, wenn alle Häuptlinge sind? Die Einbindung vieler Personen bei einer Entscheidungsfindung, bei Verhandlung und Diskussion, erschwert den Prozess. Und sollen Hierarchien abgebaut werden, muss zudem mit dem Widerstand der aktuellen Führungsriege gerechnet werden.

Holokratie bleibt die Ausnahme

Ein Gegenentwurf zur hierarchischen Struktur ist die Holokratie. Der Begriff steht für eine Unternehmensorganisation in Kreisen, die jeweils Rollen übernehmen, in sich jedoch selbstorganisiert sind. Die Kreise richten sich an den Anforderungen aus. Ihre Rolle können die Mitglieder eines Kreises jederzeit selbstbestimmt schaffen oder auch abschaffen. Eine vollständige holokratische Organisationsform haben bislang aber die wenigsten Unternehmen. Die wissenschaftliche Literatur bezieht sich immer auf die gleichen, wenigen Cases – wie beispielsweise die Amazon-Tochter Zappos. Und manche Company, die sich in einer holokratischen Struktur versucht hat, ist zu üblichen Organisationsformen zurückgekehrt. Zu tiefgreifend scheint die Veränderung, zu aufwendig das Onboarding neuer Mitarbeiter, um ihnen die holokratische Arbeitsweise begreiflich zu machen. Holokratische Strukturen gehen oft einher mit komplexen Verfassungen und Regelwerken. Führungskräfte müssen ihre Rolle verlassen. Doch ohne das Empowerment durch eine Führungskraft verliert ein Teil der Mitarbeiter Motivation. Zudem ist der Umbau langwierig und komplex. Und insbesondere bei großen Unternehmen lässt sich der Umbau nur schwer abbilden. Konzerne wie Mercedes Benz oder Deutsche Bahn experimentieren zwar mit holokratischen Organisationsformen, jedoch nur in kleinen Spezialeinheiten.

Zwischenfazit: Alles in allem verharrt die Mehrheit der Unternehmen in hierarchischen Grundstrukturen. Dass der Mut aufgebracht wird, gänzlich neue Modelle – wie Holokratie – einzuführen, ist eine Seltenheit. Denn Hierarchie steht für Sicherheit und Beständigkeit, und das sind Werte, die wir uns in unsicheren Zeiten am meisten wünschen. Zudem ist es eine Tatsache, dass neue Wege jenseits der Hierarchie-Pyramide keine Garantie auf Verbesserung oder für ein Gelingen sind. Also werden nur vereinzelt Zwischenebenen ausgedünnt, was den Druck auf die verbliebenen Führungskräfte erhöht. Oder es werden neue Strukturen nur in geschützten Räumen ausprobiert – abseits der für den Erfolg entscheidenden Operative.

2.2 ...trifft auf agile Methoden

»Heilsbringer oder Feigenblatt?«

Viele Unternehmen haben in den letzten Jahren agile Arbeitsmethoden eingeführt. Diese Methoden gehören zu den soziokratischen bzw. integralen Theorien und sind im Zuge von New-Work-Initiativen in immer mehr Unternehmen pilotiert worden. Liefern diese Methoden die Antworten auf den Umgang mit unserer volatilen, chaotischen Zeit? Und bereichern diese mit ihrer Flexibilität nicht die hierarchiegeprägten, klassischen Umfelder?

Bereits 42 Prozent der Führungskräfte in Unternehmen setzen auf agile Arbeitsmethoden – besagt die Studie »Agilität« aus dem Jahr 2020 von Stepstone/Kienbaum. Die Tendenz ist steigend. Viele Workshops, Ratgeber, Podcasts und Blogbeiträge werden zu diesem Thema mittlerweile angeboten.

»Im Kern steht agiles Arbeiten für die Fähigkeit, sich flexibel, lernend, kreativ und gestalterisch in kürzester Zeit an ein sich veränderndes Umfeld anzupassen« (Gaida 2021, S. 3). Ihren Ursprung hat diese Denk- und Arbeitsweise im Umfeld der Softwareentwicklung, wo 2001 das »Agile Manifest« entwickelt und veröffentlicht wurde. Das Manifest nennt die Prinzipien für das agile Vorgehen. Bei dieser Vorgehensweise sind Individuen und Interaktionen gegenüber den Prozessen und Werkzeugen vorrangig. Wichtiger ist es, dass eine neu entwickelte Software funktioniert, als dass sie vollständiger dokumentiert ist. Die Zusammenarbeit mit Kunden hat eine höhere Relevanz, als die Vertragsverhandlungen. Und das Reagieren auf Veränderungen wird gegenüber dem Befolgen einer Planung priorisiert.

Agilität am Beispiel von Scrum
Konkret eingesetzt wird die agile Vorgehensweise in unterschiedlichsten Methoden. Eine der bekanntesten ist die Scrum, das als etabliertes Modell für agiles Projektmanagement gilt und mittlerweile branchenunabhängig Anwendung findet. Scrum inte-

griert Kunden explizit in die Abwicklung eines Projekts, denn Kundenwünsche können sich über die Projektdauer hin – und in unserer schnelllebigen Zeit – verändern. Zudem agieren die Teams mit großer Eigenverantwortung und planen Meilensteine in wiederkehrenden Einheiten bzw. Iterationen – so genannten Sprints. Dabei sind neue Rollen entstanden: Der Product Owner verantwortet Anforderungen und Ergebnis, der Scrum Master die Einhaltung des Prozesses. Reviews und Retrospektiven sorgen für Feedback – sowohl zu den Arbeitsergebnissen als auch zu den Prozessschritten dorthin. Und Agile Coaches helfen bei der Erklärung, der Implementierung und vor allem dem Gewöhnen an die größere Eigenverantwortung – denn nicht jeder weiß aus dem Stande mit selbiger umzugehen.

Vorsicht vor agilen Feigenblättern

Nicht immer wird die agile Vorgehensweise in Unternehmen korrekt angewendet. Buzzwords wie »Agilität« und »Flexibilität« werden teilweise missbraucht. Vielleicht haben Sie im Zusammenhang mit unangenehmen Nachrichten zu Projektveränderungen auch schon gehört *»Wir machen das eben ganz agil.«* Doch Agilität heißt nicht, jeden Tag etwas anderes zu tun, sondern steht für die Methode, sowie die Etappen zur Zielerreichung regelmäßig anzupassen und diese Etappenziele vor allem selbstbestimmt zu erreichen. Ein Change Request ist auch hier ein Change Request. Das wird gerne verschwiegen. Und kritischen Stimmen der Vernunft wird gerne fehlende Flexibilität unterstellt: *»Ach habt euch doch nicht so. In unserer heutigen Welt können sich die Dinge eben auch mal schnell ändern. Da müssen wir eben flexibel reagieren.«* Das wird durchschaut – und schadet dem Image und der Akzeptanz agiler Arbeitsweisen.

Fokus auf Methode – nicht den Gesamtkontext

»Die agile Welt ist direkt, kurz und knapp. Sie zielt auf erfolgreiche Umsetzung, Ergebnisse und Wertschöpfung« (Gaida, 2021, S. 19). In den agilen Methoden der agilen Welt, steckt bereits die Antwort, wie man mit dem zunehmenden Druck und der transformationalen Herausforderungen umgehen kann, wie man die Furcht vor sich ändernden Rahmenbedingungen reduziert: Indem man Prioritäten gemeinsam festlegt und nicht schon am Anfang jeden einzelnen Schritt bis zu Ende plant – denn bis dahin kann sich noch viel ändern. Und vor allem gilt in der agilen Methode: Fokus aufs Entwickeln von Lösungen für unsere chaotische Welt heute.

Und doch bleibt trotz der sehr vielseitigen Methoden – von Scrum über Kanban bis hin zu Design Thinking – eine zentrale Herausforderung ungelöst: Agilität konzentriert sich auf die Methodik, auf das bestmögliche Ergebnis einer Einheit in kurzer Zeit – nicht aufs Zusammenspiel der agilen Einheiten untereinander, damit ein stimmiges Bild des Unternehmens entsteht. Oder anders formuliert: Wenn jedes agile Team für sich ein Mosaiksteinchen ist, wer legt die Steinchen und stimmt die Struktur des gesamten Mosaiks? Eins scheint klar: Dem Vorstand oder der Unternehmensleitung allein wird das nicht gelingen – zu weit sind sie von den operativen Teams weg.

Zusammengefasst lässt sich sagen: Agile Methoden sollen die Antwort auf unsere chaotisch gewordene Welt sein, haben aber – insbesondere, wenn sie auf bestehende Strukturen treffen – auch Nachteile. Welche das sind, beleuchten wir auf den folgenden Seiten.

2.3 Das Ergebnis: Komplexe Mischform statt goldener Mittelweg

»Clash und Crash sind an der Tagesordnung.«

Wenn agile Methoden auf hierarchische Strukturen treffen, ergibt das nicht automatisch den goldenen Mittelweg. Im Gegenteil: Es kommen Strukturen und Denkweisen zusammen, die wenig gemeinsam haben und wenig Interesse für das jeweils andere zeigen. Das Ergebnis: Kultur-Clash und ein Nebeneinanderher statt gemeinsamem Agieren. Und genau das verstärkt die Komplexität in den Organisationen – und Komplexität gibt es ohnehin schon zu viel.

Wir kennen erfolgreiche hierarchische Organisationen, die auf Weisung und Kontrolle setzen, in denen entlang fester Prozesse mit klaren Abstimmungswegen effizient gearbeitet wird. Sie sind stabil, können aber bei äußeren Einflüssen weniger schnell reagieren und gelten nur als bedingt transformationsfähig. In gleichem Maße kennen wir erfolgreiche agile Organisationsformen, mit flexibel und eigenverantwortlichen, gestalterisch tätigen Mitarbeitern, die unternehmerisch denken und so erfolgreich Innovationen erarbeiten. Und das tun sie auch, wenn sich die Rahmenbedingungen kurzfristig ändern. Brisant wird es, wenn Mitarbeiter, die für die eine Arbeitsweise prädestiniert sind, in die andere gezwängt werden. Und wenn in einem Unternehmen beide Formen ohne nennenswerte Verbindung koexistieren – und das scheint die Regel zu sein. Dann stecken agile Teams in großen Unternehmen im dauerhaften Pilotstatus fest – statt ein synchronisierter Bestandteil eines funktionierenden Gesamten zu sein. Das schadet der Akzeptanz der gerechtfertigten neuen Methoden.

An einem Beispiel zeigen wir, was das in der Praxis heißt: Eine Führungskraft stellt ihren Mitarbeiter für ein agiles Team ab, das von einem Produkt-Owner angeleitet wird. Rein hierarchisch bleibt sie Führungskraft und ist auch dafür zuständig, den Mitarbeiter und seine Arbeitsleistung zu bewerten. Rein faktisch, bekommt er oder sie von seinem Mitarbeiter und den Arbeitsergebnissen aber wenig mit. Es entstehen immer wieder Konflikte. Weil Arbeiten in der Linie aufgrund von Ausfällen wieder beim Mitarbeiter landen, sitzt dieser aufgrund der Situation zwischen den Stühlen. Er soll selbst entscheiden, was Vorrang hat. Aber auch der Aufwand steigt: Die Arbeitszeit im Projekt wird beispielsweise in einem anderen Programm protokolliert als die Arbeitszeit in der Linie, da beide Bereiche auf anderen IT-Plattformen arbeiten. Und die Arbeitsleistung des Mitarbeiters kann die Führungskraft lediglich vom Hörensagen her bewerten.

Zwei Streams statt Einheit

Während agil arbeitende Teams in Unternehmen wie Pilze aus dem Boden schießen, gilt dieser Schub nicht für die Strukturen in den Unternehmen – sie wachsen nicht in die gleiche Richtung mit. Agile und klassische Ströme verbinden sich nicht. Bestenfalls »streamen« sie nebeneinander. Zwei Welten mit wenig Austausch – mit der Gefahr einer Zwei-Klassen-Gesellschaft. Während die einen neue Ideen entwickeln dürfen, halten die anderen die Maschine am Laufen. So zumindest die Denke. Im Worst Case entstehen Vorbehalte, wachsen Widerstände und Unverständnis. Insbesondere wenn beide Seiten das Gefühl haben, dass durch die jeweils andere die Komplexität steigt (was aus der jeweiligen Perspektive auch durchaus nachvollziehbar ist). Das Ergebnis: Wir sind zurück beim Silodenken.

Synapsen und Querverbindungen noch nicht ausgeprägt

Die Entscheidung, sich auf eine Arbeitsweise oder Methodik in einem Unternehmen festzulegen, möchten viele Unternehmen (noch) nicht treffen, weil beide Welten Vorteile bieten – und für gewisse Abteilungen und Aufgaben eine Lösung besser passt als für die anderen. Das ist legitim und sinnvoll. Sonst würden Menschen Workflows und Techniken übergestülpt, die einfach nicht zusammenpassen. Sinnvoll ist es zudem, neue Methoden in geschützten Räumen zu testen. Was dann aber fehlt, sind viele kleine Brücken zwischen den geschützten Räumen und dem großen Rest des Unternehmens, es fehlen die Verbindungen zwischen den handelnden Menschen auf beiden Seiten – zum Beispiel in Form konkreter Abstimmungsformate und Workflows. Wie Synapsen zwischen zwei Gehirnhälften, die – wenn einmal vorhanden – eigenständig und von selbst weitere Synapsen bilden. Doch dafür braucht es einen Grundstock an selbigen. Das heißt: Es braucht vom Management definierte Impulse, Schnittstellen und den gesteuerten Abbau gegenseitiger Vorbehalte, sowie den Plan, wie perspektivisch alles ineinandergreifen kann. Und genau den gibt es gefühlt nur in Ausnahmefällen.

Stattdessen wird primär an der Unternehmenskultur gearbeitet, in der Hoffnung, dass diese zu einem stärkeren Miteinander und einer Zusammenarbeit auf Augenhöhe führt und sich die Synapsen schon von selbst ausprägen. Das ist nicht gesichert und kein Selbstläufer. Arbeiten an der Kultur ist gut, löst aber keine wiederkehrenden strukturellen Herausforderungen und reicht nicht, die unternehmensinterne Synapsenbildung anzuregen. Die beste Unternehmenskultur kann faktische Schwächen von Organisation und Methode auf Dauer nicht überdecken. Dann arbeitet man zwar gern zusammen, aber nicht effektiv.

Moderatoren zwischen Welten

All das heißt: Die Aufgabe und Verantwortung, die alte, hierarchische Welt mit neuen, agilen Methodiken zu verbinden, landet in der Praxis bei den Führungskräften. Mühsam moderieren sie zwischen den Welten. Das ist ein großer Kraftakt – und steht dem Ziel nach mehr Effizienz entgegen. Und nicht jeder mittlere Manager kann oder will das leisten.

Neben der Verbindung zwischen Struktur und Methode kommt es also in gleichem Maße auf die Passung der handelnden Personen an. Können sie den anspruchsvollen Aufgaben, die mit dem großen Wort Transformation einhergehen, gerecht werden?

Um diese Frage zu beantworten, widmen wir uns auf den nächsten Seiten einer detaillierten Analyse der handelnden Personen und hangeln uns dabei an den Stufen entlang, wie wir sie aus der Hierarchie-Pyramide kennen.

3 Die (nicht) handelnden Personen

»It's a People Business«

Das vorausgehende Kapitel zeigt: Es gibt neue Lösungsansätze für die Art und Weise wie man in einer Organisation zusammenarbeitet. Die beste Theorie funktioniert jedoch nur, wenn sie in der Praxis von den beteiligten Personen angenommen und gelebt wird. Doch mit solchen Veränderungen tun wir Menschen uns oft nicht leicht. Deshalb wird es im Folgenden Zeit für einen Realitätscheck und eine Analyse, wie wir die verschiedenen Player in der Praxis – und vor allem im Zusammenspiel erleben. Die Fragen lauten: Tragen wir dazu bei, Unsicherheit zu reduzieren und Transformation voranzutreiben? Oder verstärken wir Widersprüche? Und sind daher Mehrdeutigkeit, Chaos und Brüchigkeit auch hausgemacht?

In der Analyse orientieren wir uns an der Struktur, wie sie trotz der Etablierung von Agilität und Mitbestimmung in Unternehmen heute noch immer Standard ist: Auf der einen Seite das Top-Management – z.B. in Form eines Vorstands. Auf der anderen Seite die Belegschaft. Und dazwischen Führungskräfte – vom Teamleiter bis zum Bereichsleiter. Auf sie alle schlagen Unsicherheit und Mehrdeutigkeit unserer heutigen Welt voll durch. Wie gelingt es den verschiedenen Akteuren mit den Herausforderungen umzugehen?

In diesem Kapitel begegnen wir – zumindest gedanklich – den für Unternehmen typischen Figuren: Von der Unternehmensspitze bis hin zum Praktikanten, von männlichen Führungskräften – teilweise vom alten Schlag, teilweise divers wie nie zu vor, von weiblichen Führungskräften, die es in den Vorstand schaffen – und manchmal wieder hinaus, von Workaholics, die sich über die Leistung im Jobs definieren, von Sachbearbeitern, denen die Veränderungen der Transformation einfach Angst machen, und von Berufseinsteigern, die selbstbewusst nach einer 30-Stunde-Woche mit 38-Stunden-Bezahlung fragen aber Überstunden sowie kritisches Feedback ebenso ablehnen wie Hierarchie-Denken.

Es ist gar nicht so einfach bei den verschiedenen Stereotypen, die beim Lesen dieser Zeilen vor Ihrem inneren Auge erscheinen mögen, nicht in Klischees zu verfallen. Deshalb sei angemerkt, dass diese Beispiele exemplarisch für die Ausprägung der Vielfalt stehen, die in Unternehmen heute erlebbar ist – und dass zwischen den Typen und Persönlichkeiten viele verschiedene Kombinationen möglich sind. Allen diesen Beispiel-Personen ist eines gemeinsam: Vor ihnen liegen transformationsbedingt herausfordernde Zeiten. Umso wichtiger ist es, die Stärken jeder Rolle und Persönlichkeit umfassend zu nutzen – und den kritischen Fokus auf den Mehrwert jedes einzelnen zu legen.

Zudem widmen wir uns der Frage: Wenn insbesondere bei den Mitarbeitern die Anforderungen hinsichtlich Eigenverantwortung und Selbstbestimmung steigen (wie im Rahmen agiler Teams postuliert), braucht es dann überhaupt noch mittlere Manager, die zwischen oben und unten fungieren? Oder ist es nicht an der Zeit dieses Überbleibsel aus hierarchisch geprägten Organisationsmodellen abzuschütteln?

Genug der Teaser, beginnen wir unsere Analyse zunächst mit dem Blick auf die Spitze.

3.1 Die Unternehmensspitze

»Ganz oben nur Tops?«

Welche Aufgaben prägen eigentlich den Tag eines Vorstands? Und welche Erwartungen an einen Vorstand sind angebracht oder legitim? Zwei wichtige Fragen, wenn man bedenkt, dass das Topmanagement nach dem Motto *»Die da oben …«* gerne mal von Mitarbeitern oder Führungskräften kritisiert wird.

Beginnen wir das Kapitel 3.1 mit einer Definiton der verschiedenen wichtigen Bezeichnungen rund um den Begriff Unternehmensspitze:

Die Bezeichnung ***C-Level*** stammt »aus der amerikanischen Bezeichnung von Führungsverantwortlichen der obersten Führungsebene« (Fuchs, 2012, S. 17). Entsprechend bekannt und etabliert sind Abkürzungen wie CEO (Chief Executive Officer), CFO (Chief Financial Officer) oder der CMO (Chief Marketing Officer). Zusammen ergeben sie das Managementboard, dessen Zusammensetzung stark variiert.

Im Deutschen sind Begriffe wie ***Vorstandsvorsitzender*** oder die Kurzform ***Vorstand*** üblich, womit wahlweise das Vorstandsgremium oder einzelne Mitglieder gemeint sind. Je nach Gesellschaftsform berichten Sie als Führungskraft auch an Geschäftsführer, oder Inhaber.

In diesem Buch sprechen wir in erster Linie von C-Level, Topmanagement und Vorstand und meinen damit die obersten Entscheidungsträger, die an ein bis zwei Händen abzuzählen sind, kurzum die Unternehmensspitze. Die Entscheidungsträger haben einen großen Verantwortungsbereich und prägen die »essenziellen Unternehmensfragen« – insbesondere die Strategie (Fuchs, 2012, S. 17).

Auf den folgenden Seiten wagen wir eine detaillierte Betrachtung und beleuchten den Mythos der Unternehmenslenker mit einem möglichst nüchternen Blick.

Vorausgeschickt sei: Die im folgenden beschriebenen Eindrücke haben keinen Anspruch auf Gültigkeit für alle Unternehmen. Sie basieren auf persönlichen Erfahrungen und den Schilderungen unserer Gesprächspartner – und stehen exemplarisch dafür, wie Management und damit Transformation in der Breite der Unternehmen in Deutschland ablaufen kann. An der Spitze mancher deutscher Unternehmen stehen Visionäre, Ausnahmetalente und Leitfiguren, deren Vorgehen sowohl durch wirtschaftlichen Erfolg als auch positives Mitarbeiterfeedback Bestätigung findet. Aber das ist nicht automatisch die Regel. Mitunter begegnen Ihnen auch Persönlichkeiten, die verwalten statt gestalten und sich mit den undurchsichtigen Herausforderungen, die die Transformation an sie stellen, schwertun – oder eine ganz eigene Agenda verfolgen.

3.1.1 Zwischen Gestaltung und Regulatorik

»Mythos Unternehmenslenker?«

»Wo es durch die wachsende Komplexität und Dynamik kaum noch einfache Antworten gibt, wird es für den CEO immer wichtiger, Entscheidungen in einen größeren Kontext einzuordnen, um die Deutungshoheit zu wahren« (Hiesserich & Weidenfeld, 2015, S. 10). Unterm Strich geht es für das Topmanagement also darum, in der chaotischen Welt, in der wir leben, Entscheidungen in den richtigen Kontext zu setzen und Klarheit und Transparenz zu schaffen. In den Handlungen wie in der Kommunikation.

Es geht darum, nicht nur Ziele auszurufen, sondern auch Sinn zu stiften. Impulse für das ***Warum***, aber auch für das ***Wie*** zu setzen – und damit Unternehmen strategisch weiterzuentwickeln, die dafür notwendigen Transformation anzustoßen und die Maßnahmen immer wieder nachzujustieren. Damit nimmt der Vorstand die Rolle eines Gestalters ein, der das Unternehmen formt, gemeinsam mit der Mannschaft weiterentwickelt und dabei stets die Oberhand über die Kommunikation behält.

»CEOs tragen die letztinstanzliche Verantwortung für die Arbeit aller anderen Mitarbeiter ihres Unternehmens. Sie haben aber auch ihre eigene Arbeit«, so hat es schon Peter Drucker beschrieben. Er definiert den Vorstand als Bindeglied zwischen Innenwelt – der Organisation – und Außenwelt, also »Gesellschaft, Wirtschaft, Technologie, Märkte, Kunden, Medien, öffentliche Meinung« (Drucker, 2009, S. 288). Und die erste Aufgabe besteht darin, die für das Unternehmen bedeutsame Außenwelt zu definieren. »Der CEO hat sicherzustellen, dass sich das Team, aber auch er sich selbst ausreichend Zeit nimmt, um eine tragfähige Strategie zu entwickeln, an der die Unternehmensentwicklung ausgerichtet werden kann« (Müller-Stewens, 2019, S. 95).

Regulatorik tötet Gestaltung

Kann das Topmanagement diese Rolle aus Strategieentwickler, Gestalter und Kommunikator überhaupt einnehmen – bei all den Pflichten, die sonst auf ihm liegen? Fakt ist auch: Die Kernaufgaben des Vorstands drehen sich stark um Risikomanagement, Regulatorik und Repräsentation – Tätigkeiten, die im Widerspruch zur Gestalterrolle stehen. Ein Tag voller Ausschüsse, Gremien und Austausch mit Kontrollorgangen gilt als der natürliche Feind jeglicher Kreativität. Jeder Vorstand ist jeden Tag angreifbar und entsprechend und nachvollziehbarer Weise darauf aus, jegliches Risiko im Keim zu ersticken. Eine falsche Unterschrift, eine Rüge von der Aufsichtsbehörde, ein Fehler bei der Einhaltung eines Gesetzes – von AGG bis DSGVO – jeden Tag kann all das passieren. Mit unangenehmen Konsequenzen von einer Rüge bis hin zum Rücktritt. Dazwischen jede Menge Dokumentation, Verwaltung, Berichtswesen. Wie kann ein einzelner Mensch eine gestaltende Rolle einnehmen, wenn die Risiken im Fokus stehen? Insbesondere in einer Zeit der unendlichen Komplexität, die uns beinahe erschlägt? Das sind Anforderungen gemacht für Ausnahmetalente – und deren Anzahl ist limitiert.

Wie strategisch sind die getroffenen Entscheidungen?

Nicht jedem Vertreter des Topmanagement gelingt der Spagat zwischen Verwalten und Gestalten – oder die Aufgaben auf weiteren Schultern so zu verteilen, dass sie vom Vorstand nur zusammengeführt werden müssen. Die Folge: Die eigene Rolle verliert an Schärfe und Fokus. Man mischt eben überall und doch nirgends mit. Natürlich entscheidet der Vorstand über Dinge, aber nicht immer strategisch-gestalterisch. So sind in den Gesprächen zu diesem Buch auch Sätze gefallen wie: *»Man entscheidet im Vorstand über die Sonderausstattung der Autos im Außendienst. Entscheidungen über das Fortbestehen einer Gesellschaft werden ausgesetzt – oder an die Führungskräfte weitergereicht, die dafür gar nicht die Befugnisse haben. Das passt doch nicht zusammen«.*

Wenn dem so ist, wäre das menschlich und durchaus nachvollziehbar. Die äußeren Bedingungen und Einflüsse haben sich stark verändert – die handelnden Personen sind im Gros der deutschen (Traditions-)Unternehmen hingegen die gleichen geblieben. Soll heißen: Viele heutige Vorstandsmitglieder sind schon länger im Unternehmen und unter anderen Bedingungen geholt und groß geworden als wir sie heute erleben.

Was ist vom Mythos geblieben?

Auch wenn wir heute vom Management ein anderes Bild haben als das von klassischen Patriarchen und selbst in konservativen Branchen Anzug durch Hoodie getauscht wird – eines ist dennoch geblieben: Der Mythos vom Unternehmenslenker. Von dem einem, der genau weiß, wohin die Reise gehen muss. Der eine klare Vision entwickelt und ausruft, auf die alle hinarbeiten und die Managementkollegen, Führungskräfte und Belegschaft hinter sich eint.

Können das die Unternehmenslenker leisten? Natürlich gab es schon immer Persönlichkeiten, die mit disruptiven Ideen Neues geschaffen haben und dies jeden Tag mit beeindruckender Haltung und Konsequenz wieder tun. Einige wenige prominente Vertreter von Vorständen prägen durch ihre tiefgreifenden Umbaumaßnahmen die Zukunft von Großkonzernen auf beeindruckende Weise. Abgesehen von diesen Beispielen, bestehen viele Vorstandsgremien und Managementboards aus Mitgliedern, die sich durch das konsequente Optimieren – z.B. von Produkten oder Prozessen – ihre Sporen verdient haben.

Zum einen sind viele Unternehmenslenker also in einer Zeit »groß« geworden, in der an der Spitze vor allem optimiert statt disruptiv gedacht wurde. Ein bewusstes jahrelanges Training auf die Eigenschaften hin, die es heute braucht, haben die wenigsten erlebt. »Man sollte meinen, dass die Entwicklung einer Strategie sowohl inhaltlich als auch methodisch zum selbstverständlichen Handwerkszeug jedes Topmanagers gehört. Leider ist das nicht der Fall«, konstatiert Malik (2022). Zum anderen ist das Aufgabenspektrum zwischen Regulatorik und Transformation zu groß, um allein gestemmt zu werden. Auch Superstar-DJs produzieren nicht zwingend jeden Song vollständig selbst und stehen am Ende dennoch als Interpret in den Credits.

Genau dieses Mismatch aus Anforderungen und eigenen Fähigkeiten mag ein Grund sein, warum neue Vorstandsmitglieder zunehmend von außen geholt werden. Neue Gestalter in Managementboard sollen die vorhandene Substanz um frisches Denken ergänzen. *»Mehr als nur im eigenen Saft garen«,* sagt man dazu. Doch wie ist gesichert, dass »die Neuen« dem strategischen Gestaltungsanspruch gerecht werden? Und sind sie wirklich die ersehnten Heilsbringer bei schwerwiegenden Transformationsaufgaben?

Kurzfristigkeit im Fokus?

Insbesondere für neue Vorstandsmitglieder, die von außen geholt werden, gilt eine Prämisse: Sie brauchen kurzfristige Ergebnisse. Und der Druck ist hoch! Denn Stakeholder und Shareholder erwarten bezüglich zentraler KPIs rasche Verbesserungen. Da ist auch kaum verwunderlich, wenn die handelnden Personen den Fokus auf kurzfristige Erfolge legen.

Die kurzfristigen Verbesserungen zu erreichen, steht mitunter aber in Konflikt mit dem, was Unternehmen für ein langfristiges Fortbestehen eigentlich bräuchten. Weitblick, langfristige Strategie und gegebenenfalls auch Investitionen an Stellen, die erst nach Jahren einen Return on Investment bringen. Wir müssen heute säen, um das Gold von morgen zu ernten. Doch wie bestellt man vernünftig das Feld, wenn der Hunger schon heute groß ist? Bei Unternehmen kann die Ernte von wegweisenden Transformationsaufgaben schon mal bis zum nächsten Managementwechsel andauern. Entsprechend mag auch dem ein oder anderen frischen Vorstand die Inspiration oder Ambition genau dafür fehlen. Insbesondere wenn die Position nur ein Etappenziel zum CEO-Posten bei einem noch größeren Wettbewerber sein mag. Doch Transformation von Unternehmen ist ein Long-Term-Business. Ein Marathon.

Beispiel: Ausreichend lange Zeiträume für Entscheider

Charlotte ist selbst Vorstandsmitglied bei einem regionalen Energieversorger:

»Tatsächlich hängt der Erfolg einer Transformation vielfach mit den Bestellungszeiträumen von Vorständen und Topmanagern zusammen. Sind diese kurz, verführt das zu eher kosmetischen Veränderungen, die nicht in die Tiefe des Unternehmens eindringen können. Und es verführt dazu, komplexe und langwierige Themen gar nicht erst anzugehen. In einem Zeitraum von zehn Jahren kann man in Organisationen wirklich etwas bewirken. Wir dürfen die langfristige Perspektive bei Transformationsvorhaben also nicht aus den Augen lassen. ›Charlotte – mach mal New Work bei uns‹. Das geht weder über Nacht, noch aus einem einzelnen Fachbereich heraus.«

3.1.2 Von typischen Personen an der Spitze

»Visionär oder Faker?«

Wie füllt das C-Level den eigenen Mythos aus? Wie gehen die Vorstandsvertreter mit den Herausforderungen des Wandels um? Und in welche Kategorien lassen sich die Topentscheider gruppieren? Lassen Sie uns versuchen, ein besseres Bild über die Spitze deutscher Unternehmen zu zeichnen und eine Typologie mit wenigen Worten zu beschreiben.

Auf Basis der von uns geführten Interviews lassen sich verschiedene Vorstandstypen erkennen: Vier Typen haben wir in durchaus plakativer Darstellung geclustert. Zwischen diesen Typen gibt es in der Realität naturgemäß zahlreiche Abstufungen. Und unsere Typologie hat keinen Anspruch auf Vollständigkeit. Das Ziel ist: Die Clusterung hilft zu verstehen, welches Spektrum an Entscheidern Sie oben an der Spitze in einem Unternehmen erwarten kann.

Gern hätten wir uns bei schon vorhandenen Modellen der wissenschaftlichen Literatur bedient. Recherchen rund um Vorstand, CEO und Typologie bringen aber nur ganz allgemein für Führungskräfte gültig Cluster zu Tage (und sind damit nicht spezifisch auf die Unternehmensspitze und den Umgang mit dem Wandel ausgerichtet) oder widmen sich Typologien in einem bestimmten Kontext. So zum Beispiel die Typen von CEO-Kommunikation auf Social Media. Beides ist für diesen Anlass weniger passend, daher stützen wir uns auf die Erfahrungswerte unserer Gesprächspartner.

Insgesamt erkennen wir vier grobe Cluster:

Der Leugner
»Wandel? Den brauchen wir hier nicht. Wir halten an dem fest, was wir kennen. Das hat uns über Jahrzehnte erfolgreich gemacht. Das sind doch alles Trends, die vorüber gehen. Da spring ich nicht drauf.«

Eines kann man diesem Vorstandstyp nicht absprechen: Die klare Haltung. Die ist bewundernswert und es gibt Fälle, da behält der Leugner recht. Schließlich gibt es zu jedem Trend auch immer eine Gegenbewegung. Und nicht immer ist eine besonders schnelle Veränderung die bessere Wahl. Insbesondere, wenn die Dinge gut laufen. Nicht umsonst heißt es: *»Never change a running system.«* Oder soll man das etwa doch tun? So oder so besteht die Gefahr, dass der Leugner sehenden Auges mit seinem Unternehmen in den Abgrund rast, weil signifikante Marktveränderungen ausgeblendet werden. Er konzentriert sich auf die Beibehaltung des Status quo. Äußere Trends und die Diskussion von Veränderungen finden nur sporadisch Berücksichtigung – oder werden gar im Keim erstickt. Bis es manchmal zu spät ist.

Der Verwalter
»Dass wir uns verändern müssen, das habe ich schon verstanden – aber bitte nicht zu viel auf einmal. Und von den Methoden bitte so, wie wir das auch bislang gehandhabt haben. Ich möchte da schon die Kontrolle behalten. Und wenn ich mich einmische, dann am liebsten im Bereich des Anfassbaren. Da fühl ich mich sicher.«

Dieser Vorstandstyp könnte auch »Vermeider« genannt werden. Er hat über Jahre hinweg mit seinem konsistenten und strukturierten Arbeitsstil den Erfolg des Unternehmens mitgeprägt. Warum plötzlich andere Arbeitsweisen ausprobieren? In der Transformation sieht er dennoch die Chance, die Zukunftsfähigkeit des Unternehmens zu sichern. Aber zögerlich. Und möglichst, ohne denen weh zu tun, die ihn bislang auf seinem Weg begleitet haben. Da wird dann auch mal zu Tricks gegriffen, Hauptsache die Zahlen stimmen: *»Die Kosten sind hoch? Wir lagern das aus in eine andere Gesellschaft, da fällt es nicht auf.«* Verwalter, die Vertrauen in ihr eigenes Team haben, lassen diese machen, so lange die Aktivitäten nicht zu tiefgreifend erscheinen. Verwalter, denen das Vertrauen in ihre Mannschaft fehlt, verlieren sich in Micromanagement und geben am liebsten jedes Detail selbst frei.

Der Macher
»Hey, wir müssen hier anpacken. Am besten sofort. Von links auf rechts. Und die Regeln von gestern – warum gibt es die eigentlich? Wenn wir erfolgreich sein wollen, müssen wir einfach alles hinterfragen. Am besten sofort und gleichzeitig. Also Ärmel hochkrempeln. Dafür probieren wir auch einfach mal neue Methoden aus. Gemeinsam geht's los.«

Die gute Nachricht: Hier ist Drive drin. Im Fokus steht eine aktive Hands-on-Mentalität und die Erreichung kurzfristiger Ziele und schneller Quick-wins. Das kann entsprechend schnelle Erfolge und Gefolgschaft bedeuten. Neue Methoden werden ausprobiert, branchenunübliche Dinge einfach mal getestet. Langfristige Strategien sind hingegen weniger sein Ding. Vorsicht, wenn die an den Tag gelegte »Tschakka!«-Mentalität nur Mittel zum Zweck und statt authentisch nur aufgesetzt ist. Soll heißen: Manche Macher machen viel Lärm um nichts und laufen damit Gefahr, Erwartungen aufzubauen, die am Ende nicht erfüllt werden. Dann wird der Macher zum Faker. Und wenn Macher übers Ziel hinausschießen, werden im schlimmsten Fall über Jahre etablierte und konsistente Erfolgsfaktoren beschnitten. Das kann gefährlich werden, wenn es Auswirkungen auf das Kerngeschäft hat – und zum Beispiel den Cashcows das Wasser abgegraben wird.

Der Visionär

»Diese eine Idee. Das ist es, wofür wir als Unternehmen in Zukunft stehen wollen. Diese Idee muss jeder kennen – vom Pförtner bis zu uns als Vorstandsteam. Daraus lässt sich alles ableiten. Die Idee lässt uns dennoch die Flexibilität, auf Veränderungen reagieren zu können. Denn ich weiß: Diese klare Positionierung wird uns perspektivisch vom Wettbewerb unterscheiden. Die Zahlen belegen diese Idee. Und ich vertrete meine Haltung. Auch wenn es mal unbequem wird und das bedeutet, dass wir Dinge eben auch nicht mehr tun.«

Der Visionär hat das, was wir in Kapitel 1.3 als wichtiges Gut beschrieben haben: Er offeriert einen echten *Leitstern*, beschreibt wohin es mit dem Unternehmen gehen muss, warum überhaupt eine Transformation notwendig ist. Und vor allem: er benennt das konkrete Ziel. Was soll in fünf Jahren anders sein? Der Visionär hat eine klare Antwort. Und er stellt kurzfristige KPIs nicht über dieses Ziel. Die Transformation erfolgt in einem sinnvollen Tempo: schnell und ambitioniert genug, um spürbar zu sein, langsam genug, ohne Mitarbeiter auf breiter Ebene abzuschrecken. Und ohne die gelernten Erfolgsfaktoren aufs Spiel zu setzen. Neue Methoden werden eingeführt, aber konkrete Anknüpfungspunkte zu vorhandenen Strukturen geschaffen.

Fazit zur Typologie: zwischen schwarz und weiß

Die Typologie soll zeigen, wie unterschiedlich die Menschen an der Spitze ticken – und auf die Herausforderung des Wandels reagieren. Wichtig im Hinterkopf zu behalten: Es gibt zahlreiche Mischformen und weitere Typen sind keineswegs ausgeschlossen.

In erster Linie geht es darum: Insbesondere bei einem Wechsel von einem Typ auf den anderen müssen sich Belegschaft, Führungskräfte und Vorstandskollegen auf gänzlich neue Geisteshaltungen und Methoden einstellen. Das braucht Zeit und Begleitung. Ein Wechsel kann den Wandel in Unternehmen entsprechend beschleunigen – aber auch lähmen, wenn die Akzeptanz und Veränderungen mit der Brechstange statt mit Fingerspitzengefühl durchgesetzt werden.

Und unterm Strich zeigt diese Typologie: Wir sind alle Menschen mit Stärken und Schwächen – ganz gleich an welcher Stelle im Unternehmen.

3.1.3 Warum die Spitze so ist, wie sie ist

»Ein selbsterhaltendes System«

Dass Ihnen nicht ausschließlich der Visionär an der Spitze der deutschen Mittelständler und alteingesessener Traditionskonzerne begegnen, ist kein Zufall. Das Karrieresystem ist darauf ausgerichtet, sich selbst zu erhalten: Man zieht sich Menschen nach, wie man selbst einer ist. Zudem kommen – so zumindest in einigen Fällen – die durch, die wissen, wie man sich nicht selbst die Hände schmutzig macht. Diejenigen, die wissen, wie man kurzfristige Erfolge für sich verbuchen kann – nicht unbedingt eine langfristige Strategie, die auch mal zehn Jahre braucht, um zu wirken.

Woran wir das festmachen? Weil auf dem Weg zum Vorstand einige schnelle Stellenwechsel zum Pushen der Karriere nicht ungewöhnlich sind. Zumindest wenn jemand von außen kommt. Und »die Dinge anstoßen« eben nicht mit »die Dinge durchziehen« gleichzusetzen ist. Zudem scheint die Anzahl von visionären Menschen in unserer Welt eine limitierende Ressource zu sein. Kurzum: Einen Vorstand rekrutiert man nicht über Nacht (und in manchen Unternehmen eben doch, was man im Nachhinein bereuen könnte).

Ungefährliche Mitvorstände bevorzugt
Mindestens ebenso schwerwiegend: Ein Vorstandsteam zieht sich selten jemanden als Nachfolger heran, der den aktuellen Mitgliedern des Boards gefährlich werden könnte. Zu groß wäre die Gefahr, überstrahlt oder überrollt zu werden von jemandem, der Zusammenhänge, Widersprüche und Handlungsbedarf schneller erkennt, als es einem selbst gelingen mag, und Missstände im benachbarten Vorstandsbereich aufdeckt und Verbesserungen einfordert.

»Hilfe holen? Ich doch nicht!«
Dabei wäre es doch gar nicht so schwer – insbesondere für C-Level-Vertreter, die viel Erfahrung mitbringen und die Abläufe eines Unternehmens über Jahre verstanden und optimiert haben. Kein Vorstand muss die ihm zugeschriebenen Aufgaben allein ausführen. In der Regel steht ein ganzes Team aus Angestellten hinter ihm. In den Interviews mit unseren Gesprächspartnern war allerdings immer wieder zu hören,

dass die strategischen Entscheidungen oft im stillen Kämmerlein getroffen werden. Eine Partizipation am Wissen der leitenden Angestellten oder dem mittleren Management ist in vielen Fällen gar nicht gewünscht oder erfolgt nur zum Schein, ohne dass Feedback ernsthaft berücksichtigt wird. Dann kann es immerhin heißen: *Na, wir haben euch doch gefragt.* Vielleicht ist das so, weil man sich hier zu wenig wertvollen Input erwartet. Vielleicht, weil man tatsächlich zu wenig wertvollen Input bekommen würde. Vielleicht aber auch einfach, weil Diskussionen zu strategischen Fragestellungen per se unangenehm sind – und man den Mythos vom starken und stolzen Unternehmenslenker unter keinen Umständen gefährden möchte.

Man kann zumindest den Eindruck gewinnen, einige Vertreter des C-Levels hätten Sorge, dass ihre Autorität in Frage gestellt wird, wenn eine Entscheidung oder eine Idee nicht von ihnen selbst kommt. Die Frage ist: Wie offen für Unterstützung und wie teamfähig ist jemand, der sich mit harten Bandagen nach oben gekämpft hat? Fühlt man sich vielleicht schlicht privilegiert, gleichsam wie in einer Kaste namens »Vorstand« und legt deshalb auf eine scheinbar gesunde Distanz wert? Oder ist man einfach so verunsichert, weil man zwar weiß, wie man optimiert – aber nicht weiß, was zu optimieren ist, da man nicht weiß, was das Richtige ist. Kurzum: Will man nur die eigene Unsicherheit verbergen?

Die Mehrheit der Vorstandsmitglieder dürfte vermutlich wenig dagegen haben, als *Alphatier* bezeichnet zu werden. Und so scheint es plausibel, dass Alphatiere sich schwer tun, Unterstützer neben sich zuzulassen, da sie zu Konkurrenten werden können.

Narzissmus und Machtmotivation in Führungsetagen

Der Harvard Business Manager veröffentlicht 2021 einen Artikel zu einer Studie, die bestätigt: »Narzissmus ist in Führungsetagen weit verbreitet, viel weiter als in der Gesamtbevölkerung. Und diese Tendenz hat mit New Work und anderen modernen Managementmethoden keineswegs abgenommen. Viele Unternehmen dulden Narzissten und belohnen narzisstische Verhaltensweise. Sie vermitteln weiter falsche Ideale und schaffen damit ein toxisches Arbeitsklima – mit verheerenden Folgen« (Heidbrink, Berg & Feltes, 2021).

Auch Sven Lechtleitner bestätigt (Walter, 2016, S. 88) und verweist auf Rainer Neubauer, Geschäftsführer von Metaberatung: »Im Vergleich zu Kollegen im Mittleren Management oder auf Einstiegspositionen zeigen die Persönlichkeitsstrukturen von Top-Führungskräften einen deutlich größeren Machtwillen (...). Unternehmen in der DACH-Region wählen ihre Topmanager, wenn es um die Karriere geht, immer noch sehr traditionell nach ihrer Machtmotivation aus.«

Beispiel: Von fehlender Transparenz und Partizipation

Anja ist leitende Angestellte im HR-Bereich bei einem traditionell geprägten Telekommunikationskonzern und beklagt fehlende Transparenz und Teilhabe im Hinblick auf die Unternehmensziele.

»Es ist eine Seltenheit, dass Vertreter der leitenden Angestellten oder Führungskräfte bei der Vorstandssitzung dabei sein dürfen. Und gibt es Ausschüsse und Gremien, wo Vorstandsvertreter über den eigenen Bereich hinaus dabei sind, verändert sich schnell die Stimmung. Die Offenheit schwindet, Projekte werden geschönt dargestellt. Einfach weil das Vertrauen fehlt. Partizipation ist auch gar nicht gewünscht.

Das habe ich zum Beispiel auch hier gemerkt: Als leitende Angestellte will, ja muss ich dazu beitragen, die Ziele unseres Unternehmens zu erfüllen. Und deshalb den Prozess verstehen, wie die Ziele festgelegt werden. Also gehe ich zu meinem Vorstand und schlage vor, dass wir den Prozess der Zielgestaltung allen leitenden Angestellten kommunikativ begreiflich machen müssen. Schließlich wird sowohl bei der Erarbeitung als auch Zielerfüllung unser Beitrag gefordert sein, es herrscht aber keinerlei Transparenz über den Zielerarbeitungsprozess. Mein Vorschlag, genauer gesagt die Transparenz auf diesem essentiellen Thema wird vehement abgelehnt. Für mich fühlt sich das wie folgt an: Wir sind immer noch in einer alten Welt unterwegs (obwohl wir natürlich das Gegenteil auf allen Ebenen kommunizieren). Prinzip »Order per Mufti« – anstelle eines echten partizipativen Miteinander. Ich krieg meine Ziele also von oben auferlegt. Friss oder stirb. Aber vor allem: Frag nicht. Das ist der krasse Gegenentwurf zu dem Bild, was wir als Unternehmen eigentlich nach außen abgeben möchten.

Die schwerwiegende Konsequenz: Wir wissen alle, wenn neuralgische Punkte nicht in den Zielen für den gesamten Vorstand auftauchen, ist die Unterstützungsbereitschaft aus den verschiedenen Vorstandsbereichen spürbar geringer. Ein Ärger darüber ist also nicht meiner Eitelkeit geschuldet, sondern weil ich weiß, dass er für manche, obgleich zukunftsweisende Themen den Todesstoß bedeuten kann.«

Zwischenfazit: Von allem ein bisschen – und noch viel mehr

Nicht immer scheint in der Praxis überhaupt klar, was denn genau Aufgabe des Vorstands ist: Geht es darum, alles selbst zu erarbeiten? Geht es darum, nur die Entscheidung zu treffen? Geht es darum, selbst Strategien zu entwickeln? Oder sie primär einzufordern? Geht es darum, zu repräsentieren? Geht es darum Risiken abzuwehren und zu schützen? Geht es darum neue disruptive Geschäftsmodelle zu entwickeln? Oder geht es um all das – und noch viel mehr?

Es entsteht das Gefühl: In vielen Unternehmen ist die Rolle des Vorstands trotz aller vorhandenen wissenschaftlichen Literatur nicht klar – oder einfach überladen und damit verdammt überfordernd. Das, was dem Vorstand selbst nicht gelingt, wird gerne in die Mitte zu den mittleren Führungskräften verlagert, ganz gleich, was es ist. Mal ist es die Strategie, mal das Operative – und manchmal auch gar nichts, weil das Vertrauen in den Unterbau fehlt.

3.2 Die Mitarbeiter

»Wir sind, wer wir sind.«

Was für das Topmanagement gilt, gilt in vielerlei Hinsicht auch für die Mitarbeiter: Nicht jeder weiß mit den Herausforderungen umzugehen, die unsere volatile, brüchige und komplexe Welt mit sich bringt. Die über Jahrzehnte die Unternehmen prägenden Hierarchien, Rituale und Dogmen verlieren an Gültigkeit aufgrund neuer Blickwinkeln und Anspruchshaltungen. Und mit den neuen Generationen folgen Mitarbeiter nach, die stellenweise gänzlich anders ticken, als es sich das Topmanagement und die Führungskräfte überhaupt vorstellen können.

Mitarbeiter werden am eigenen Arbeitsplatz mit konkreten Veränderungen und – damit einhergehend – mit neuen Anforderungen konfrontiert. Wer vor 40 Jahren eine Ausbildung als Bürokaufmann/-frau angefangen hat, hat Briefe noch auf der Schreibmaschine getippt. Heute gilt es – welche Überraschung – ganz neue Programme und Tools am Laptop zu bedienen. E-Mails, WhatsApp, Nachrichten in Videokonferenztools: Mehr Informationen, mehr Kanäle – und das in rasantem Tempo. Das fühlt sich nach potenziertem Chaos an. Aber auch die Unternehmenskultur, die Art und Weise wie wir arbeiten, und auch der Leistungsdruck haben sich massiv geändert.

Zudem prasseln jeden Tag nicht nur jede Menge Informationen, sondern auch widersprüchliche Erwartungen auf die Mitarbeiter ein. Auf der einen Seite wird insbesondere durch die agilen Arbeitsmethoden und neu ausgerichtete Unternehmenskulturen mehr Freiraum ermöglicht. Gleichzeitig tun sich Mitarbeiter schwer diesen Freiraum zu füllen, da sie von oben (vgl. vorausgegangenes Kapitel 3.1) keine klare Ausrichtung mehr erhalten. Dann können sie zwar agil und auf Augenhöhe zusammenarbeiten, aber ohne Ziel. Und natürlich tut man sich schwer, Freiraum zu nutzen, wenn man nicht weiß, wohin die übergeordnete Strategie führt und in welche Richtung man ziehen soll. Was dann bleibt, ist ein Gefühl der Zerrissenheit. *»Wir wollen, können aber nicht.«*

3.2.1 Mutig im Artikulieren, widersprüchlich im Inhalt

»Yes, but no.«

Äußerungen wie eben zitiertes *»Wir wollen, können aber nicht«* oder *»Damit ich A leisten kann, brauche ich B, C und D«* sind keine Ausnahme. Denn Mitarbeiter artikulieren heute, was sie beschäftigt. Sie tun das deutlicher und lauter, als wir es aus der Vergangenheit kennen. Auf der einen Seite geht es zum Beispiel um den Wunsch nach maximaler Flexibilität. Auf der anderen Seite steht der Wunsch nach Sicher-

heit – zum Beispiel im Hinblick auf Rollendefinitionen und Aufgabenabgrenzungen, die schon im Vorfeld auf jegliche Frage eine Antwort geben sollen.

Man könnte vermuten, die Artikulation von Bedürfnissen, Meinungen und Einschätzungen hat für Führungskräfte den Vorteil, dass Erwartungen, aber auch Herausforderungen klar geäußert und damit leichter verstanden werden. So weiß man, was die Menschen beschäftigt – und kann reflektieren, was davon Handlungen erfordert. Das ist richtig. Der Inhalt der Erwartungsäußerungen ist in sich jedoch nicht immer eindeutig. Und damit auch nicht schlüssig.

Er pendelt oder ist widersprüchlich. Zum Beispiel zwischen dem Wunsch nach Selbstbestimmung auf der einen – und dem Ruf nach Vorgaben auf der anderen Seite. Zwischen dem Wunsch, Zeit und Ort des Arbeitens flexibel gestalten zu können und dem Wunsch nach einem sicheren und dauerhaften Job. Zwischen dem Wunsch nach maximaler Transparenz und Austausch und der eigenen mangelnden Bereitschaft, Wissen und Information zu teilen. Zwischen dem Ruf nach noch mehr mobilem Arbeiten und dem Ruf nach mehr Kollegenzusammenhalt auf der anderen Seite. Je nachdem, wann man mit wem über Fragestellungen solcher Art in welchem Zusammenhang auch spricht, die Einschätzungen, Wünsche und Anregungen sind zwischen verschiedenen Mitarbeitern sehr kontrovers und auch in sich nicht immer logisch und stringent. Das führt vor allem dazu: Die Belegschaft(en) selbst wirkt zerrissen – zwischen den unterschiedlichen Wahrnehmungen und Filtern, die verschiedene Persönlichkeiten mitbringen. Gepaart mit Volatilität, die in einzelnen Mitarbeitern selbst steckt.

Besonders prekär und durchaus häufig in der Belegschaft: das, was von anderen erwartet wird (zum Beispiel: mitgenommen und wertgeschätzt werden), ist man selbst aber nur in sehr geringem Maße bereit, anderen aktiv entgegenzubringen. Auch hier also wieder: Widersprüchlichkeit. Führungskräfte werden entsprechend gefordert, in die Rolle des Übersetzers zu schlüpfen. Zwischen motivierten High-Performern, die andere mitnehmen, gewissenhaft und langfristig denken und arbeiten oder destruktiven Zauderern, die weniger eigenständig sind und sich durch kommunikative Lernfelder auszeichnen, erleben wir ein breites Spektrum, das situative Führung erfordert.

Generationenunterschiede (… sind nicht alles)

Bei all den Äußerungen gilt natürlich: Jeder Jeck ist anders. Das Spektrum an Individuen und ihren Einstellungen ist sehr groß – und auf jede Ausformung gilt es sich entsprechend einzustellen. Entsprechende Unterschiede sind natürlich auch zwischen den Generationen festzustellen. Das Mindset zwischen Generation X zur Generation Z hat sich in einem rasanten Tempo verändert. Und in Betrieben treffen mehr also nur zwei Generationen aufeinander.

Einige unserer Interviewpartner berichten davon, dass sie durchaus das Gefühl haben, nicht zu wissen, wie mit Vertretern neuerer Generationen umzugehen ist. Zumindest mit denen, die ein großes Anspruchsdenken mitbringen *(»Um 14 Uhr mach ich Feierabend«)* – und zugleich auch auf konstruktive Kritik allergisch reagieren. So schilderte uns ein Gesprächspartner, dass neutral geäußertes Feedback zu sieben Fehlern auf einem Powerpoint-Chart als *»nicht wertschätzend«* bezeichnet wurde. *»Dann arbeite man eben wo anders. Man könne es sich ja aussuchen.«* Auf der anderen Seite verlieren langjährige Mitarbeiter oft ein Gefühl für die Qualität ihrer Arbeitsbedingungen. Benefits und Sicherheit bei Traditionsunternehmen werden nicht wertgeschätzt, stattdessen über Nichtigkeiten gemeckert. Eine Anspruchshaltung, die Dinge für selbstverständlich hält, die für manche Nachwuchskräfte unerreichbar sind: von Mitarbeitergeschenken, Nachlässen auf unternehmenseigene Produkte bis hin zu unbefristeten Arbeitsverträgen. Davon erzählt auch das folgende Beispiel:

Beispiel: Von der Schwierigkeit, das zu erkennen, was nicht selbstverständlich ist – und Veränderung anzunehmen

Jens, Marketing Director bei einem weltweit führenden Duty-Free-/Travel-Value-Anbieter, beschreibt:

»Je länger Menschen schon bei einem Unternehmen arbeiten und je weniger andere Unternehmenskonstrukte sie kennen, desto schwerer ist es, Menschen von der Notwendigkeit und Wirkung von Veränderungen zu überzeugen. Man möchte nicht verändert wissen, was einem jahrelang Sicherheit gab. Als Corona kam, hat das die Welt einiger Kollegen ganz schön erschüttert. Als vergleichsweise neuer Bereichsleiter stand ich dann symbolisch für die Veränderung und musste vor allem die mitnehmen, deren Welt aus den Fugen geraten war. Das braucht Zeit, Vertrauen und Überzeugungswillen.«

Das heißt aber nicht, dass alle Vertreter einer Generation sehr ähnlich ticken. Im Gegenteil. Auch innerhalb der Generationen kann das Spektrum an Einstellungen groß sein. Zu viele Vorgaben? Unerwünscht. Wir wollen schließlich selbstbestimmt durchs Leben. Zu viel Spielraum? Oh, der kann wiederum schnell zur Last werden. Gerade diese Unberechenbarkeit erfordert es, sich auf jeden Mitarbeiter mit seiner Geschichte, seinen Stärken und Schwächen einzustellen (statt sie in Schubladen zu stecken, die Studien und Artikel vorgeben– wie zum Beispiel über die viel diskutierte Gen Z). Und das gilt vom Azubi bis zur alten Häsin.

Beispiel: Von den Erwartungen einer neuen Generation – und wie sie verfehlt werden

Susanne arbeitete in leitender Funktion bei einer der größten Unternehmensberatungen und sagt: Die Anforderungen, die Mitarbeiter stellen, haben sich verändert. Und darauf hat man sich noch nicht ausreichend eingestellt:

»Man könnte meinen, in großen Unternehmensberatungen ist die Transformation besonders weit fortgeschritten. Berät man doch hier Unternehmen zu genau diesen Fragestellungen. Das kann ich nicht bestätigen: Ein Beratungshaus wie unseres ist auf eine stark hierarchische

Kultur ausgerichtet. Die Menschen leben für Rang und Titel. Doch wie passt das noch zu den Anforderungen der Nachwuchskräfte, die wir rekrutieren? Statt einer systematischen internen Kommunikation werden Informationen über Calls auf den einzelnen Hierarchie-Ebenen nach unten kaskadiert – doch dort kommt kaum noch etwas an. Und wenn es dann im besten Jahr der Unternehmensgeschichte auch noch wichtige Teamevents gestrichen werden, um sich auf einen wichtigen nächsten strukturellen Schritt vorzubereiten, richtet das mitunter mehr Schaden an, als die Feiern gekostet hätte. Die Partner und Direktoren sind so auf das Reinholen von Projekten und Stunden beim Kunden aus, dass Kommunikation und Partizipation viel zu oft hinten runterfallen. Die, die da sind, haben resigniert und sind zum Teil ausgesprochen – fast schon beeindruckend – leidensfähig. Die jungen, die sich zum Beispiel mehr Feedback und Neuerung (z. B. neue Beurteilungssysteme) wünschen, sind schnell wieder weg. Stunden, sich mit der eigenen Abteilungsentwicklung und Leadership beschäftigen, haben hier keinen Platz. Die Jungen merken das schnell.«

Typologien der Mitarbeiter

Für ein besseres Verständnis der Mitarbeiter gibt es verschiedenste Typologien.

- Das Haufe-Modell unterscheidet primär zwischen zwei Polen – den Verwaltern und den Gestaltern.
- Das Bundesarbeitsministerium unterscheidet auf Basis der Motivation zwischen »Aktiv-Engagierten«, den »Passiv-Zufriedenen«, den »Akut-Unzufriedenen« bis hin zu den »Desinteressierten«.
- Andere Modelle teilen eher psychologisch ein. So zum Beispiel das DIGS-Modell, in dem dominante, initiative, gewissenhafte und stetige Persönlichkeiten definiert werden, die entsprechend eine unterschiedliche Führung erfordern.

Ganz gleich, welches Raster oder welche Clusterung wir anlegen: Das Spektrum an Ausprägungen in den Teams ist noch vielfältiger als an der Spitze, weil geballter.

Wenn verschiedene Typen zusammenkommen, birgt das Konfliktpotenzial. So erfordert insbesondere eine Transformation im Unternehmen mehr denn je eine Führung, die sich auf den Einzelnen einstellt. Der eine braucht Sicherheit und darf nicht überfordert werden, der andere sucht die Herausforderung und kann zum Treiber im Wandel werden. Andere laufen mit und andere drohen mit ihrem Zweifel und notorisch negativer Grundhaltung ganze Veränderungsprozesse zu torpedieren.

3.2.2 Zwischen Verunsicherung und Eigenverantwortung

»Raus aus der Komfortzone – rein in die Überforderung?«

Ganz gleich, welche Generation und welcher Typ Mitarbeiter: Das Gefühl, aus VUCA und BANI, das wir in Kapitel 1 beschrieben haben, sorgt auf breiter Ebene für Verunsicherung. So auch neue Themen wie KI. Viele Aufgaben wurden bereits digita-

lisiert, andere folgen noch. ChatGPT treibt diese Diskussionen weiter an. Auch das sorgt für Vorbehalte und Unsicherheit. Gepaart mit stetig steigenden Erwartungen ans eigene Arbeitsumfeld, der Komplexität verschiedenster Arbeitsmethoden und branchenweit steigender Zahlen- und Leistungsdruck bleibt dann vor allem ein Gefühl: Überforderung – und die kann ganze Abteilungen lähmen.

Mit den Jobs wandeln sich die Ansprüche. War Mitdenken früher teilweise nicht gewünscht oder nicht notwendig, so erfordern die komplexen Fragestellungen und der hohe Druck, der aus den Herausforderungen unserer chaotisch-komplexen Welt entsteht, heute entsprechend andere Fähigkeiten.

Die Menschen können diese Anforderungen aber nicht immer ausfüllen. Das haben Vorstände, Führungskräfte und Mitarbeiter durchaus gemeinsam. Viele stoßen mit bisher gelerntem Handwerkszeug hier an Grenzen – und tun sich schwer, neue Methoden zu verstehen und konsequent anzuwenden. Zumindest ist es in vielen Fällen kein Selbstläufer. So werden für neue Arbeitsmethoden gänzlich neue Rollen wie Agile Coaches etabliert, die beim Anwenden der neuen Methoden assistieren oder Change-Begleiter als Multiplikatoren in Teams aufgebaut, um Hürden abzubauen und beim Verstehen von und Gewöhnen an Neuerungen und veränderte Prozesse zu unterstützen.

Begrenzte Belastbarkeit

Ein häufig beobachtetes Phänomen: Nach unliebsamer Kritik lässt sich der Mitarbeiter erst einmal Wochen krankschreiben. Insbesondere in den USA lässt man sich gerne aufgrund von »Anxiety« – also einem Zustand zwischen Unwohlsein und Angstgefühl – Arbeitsunfähigkeit attestieren. Wie belastbar ist die Mehrheit der Arbeitnehmer? Macht uns unsere Arbeitswelt krank, weil sie zu fordernd ist? Oder sind wir mental nicht stark genug, mit ihr umzugehen? Haben wir eine Chance auf Tempo und Art der Herausforderungen einzuwirken? Wieso gelingt es manchen Personen besser als anderen, mit Unsicherheit und dem Tempo des heutigen Business, das doch zumindest deutlich lockerer als noch vor 20 Jahren rüberkommt, umzugehen? Und führen die vielen Möglichkeiten unserer Welt heute dazu, dass man sich nur umso mehr Sicherheit und Eindeutigkeit wünscht, auch wenn beides in absoluter Form nicht erreichbar ist? Fakt ist: Nicht jeder Mitarbeiter schafft gleich viel – und das ist okay.

Erschwerend kommt hinzu, dass sich nicht alle Mitarbeiter leichttun, mit dem Freiraum, den neue Methoden fordern, umzugehen. Während das den einen mit Bravour gelingt, brauchen die anderen individuelle Führung, weil Freiraum sonst nicht genutzt wird. Sei es, weil die Arbeitszeit mehr für private Belange genutzt wird oder Entscheidungen getroffen werden, die über ein vertretbares Maß hinausgehen. Und manchen schlottern schlicht die Knie, bei dem Gedanken, selbst etwas zu entscheiden zu müssen.

Steigende Eigenverantwortung

So ist es gut, dass Führung von Mitarbeitern weiter gewollt bleibt. Das sagt auch die Stepstone/Kienbaum-Studie. Führung ist okay, nur eben nicht vom Typ »*Kontroletti*« – sondern in Form eines Chefs als Berater, Möglichmacher und Ratgeber. Weniger Kontrolle, weniger Vorgabe von oben – das bedeutet mehr Verantwortung für den Einzelnen. Verantwortung fürs Einhalten von Deadlines, Verantwortung fürs Definieren von Prioritäten, Verantwortung fürs Durchdenken auch von nachgelagerten Prozessschritten und Verantwortung fürs konkrete Arbeitsergebnis.

Geht den Mitarbeitern der Blick fürs große Ganze verloren?

Ganzheitlich Verantwortung übernehmen, bedeutet in gleichem Maße zu verstehen, welche Abhängigkeiten zu anderen Projekten bestehen, welche Stakeholder auf welche Art und Weise sensibel abgeholt werden müssen, welche Entwicklungen im Gesamtunternehmenskonstrukt perspektivisch einen Einfluss aufs eigene Arbeitsgebiet haben: Das sind große Aufgaben, die keine Selbstläufer sind. Wenn wir das auf agile Teams (vgl. Kapitel 2) rückbeziehen, heißt das: Agile Projekte erzielen in sich gute Erfolge mit guten Fachspezialisten. Ein guter Fachexperte bringt aber nicht automatisch Skills in Sachen Kommunikation und Netzwerken mit. Und ein Product-Owner konzentriert sich naturgemäß erst einmal auf den Erfolg seines eigenen Projektes und weniger auf das Zusammenspiel mit Streams und Projekten neben ihm. Eine sinnvolle Synchronisierung zu anderen Teams, muss also zentral gesteuert werden, denn der Einzelne hat sie in der Regel nicht im Blick und räumt ihr keine Priorität ein. Es braucht – trotz der Verantwortung aller Akteure – weiterhin einen, der zwischen diesen synchronisiert.

Oder anders gesagt: Der Unternehmenserfolg hängt nicht von einem einzelnen Projekt ab, sondern vom Zusammenspiel vieler. Der jeweilige Projektleiter wird seinem Projekt aber immer Vorfahrt geben. Das heißt: Wir dürfen bei aller Eigenverantwortung für einzelne Beteiligte und einzelne Bereiche nicht den Blick fürs große Ganze verlieren. Erfolg ist eben doch mehr als die Summe seiner Einzelteile.

Zwischenfazit: Erst begreifbar machen, dann begeistern

Anders als das Topmanagement müssen die Mitarbeiter keine Transformationsstrategie entwickeln oder den Leitstern vorgeben. Aber sie müssen die Transformation eines Unternehmens mittragen und den oft langen Weg zum Leitstern konkret beschreiten – und dafür begeistert werden. Dafür müssen wir sie von Grund auf verstehen, wenn Transformationsvorhaben sie mitreißen sollen. Verstehen bedeutet: Sie dort abholen, wo sie stehen. Und Schritt für Schritt aus der Komfortzone locken, wo nötig. Für diesen Prozess braucht es einen Moderator – und der ist aktuell noch immer die Führungskraft. Ansonsten besteht die Gefahr, dass die Mitarbeiter zwischen neuen Anforderungen und eigener Mehrdeutigkeit zur allgemeinen Verunsicherung beitragen und sich das System selbst von Tag zu Tag zu einem zunehmenden Chaos verstärkt.

3.3 Das mittlere Management

»Sandwiches sind mehr als Brot und Butter.«

Was für Vertreter des C-Levels und für Mitarbeiter gilt, das gilt in gleichem Maße für die mittlere Führungsriege, auch bekannt als »Sandwichmanager«. Auch bei den mittleren Managern treffen wir auf Licht und Schatten, auf den Widerspruch zwischen hohen Erwartungen und eigener Trägheit. Und wir erkennen konkrete Schwierigkeiten: Wie können die mittleren Manager mit dem hohen Maß an Komplexität und Fragilität, mit den neuen Methoden der Zusammenarbeit oder Führung sowie mit den Herausforderungen an Transformation im Allgemeinen umgehen?

Zum Einstieg formulieren wir die Frage radikal: Braucht es die Rolle der mittleren Manager überhaupt noch? Wenn doch – gemäß der Theorie – von oben die strategischen Leitplanken kommen und die operative Umsetzung agil und eigenverantwortlich in den Teams passiert? Immerhin sagen 83 Prozent der Arbeitnehmer in den USA, dass sie ihre Arbeit auch ohne ihren Vorgesetzten erledigen könnten (Eggert, 2022).

Für die Beantwortung dieser Frage starten wir mit einer Definition. Dabei halten wir uns an die der Dr. Jürgen Meyer Stiftung, die in Kooperation mit der Friedrich-Alexander-Universität Erlangen-Nürnberg bereits zwei Studien über mittlere Manager erstellt hat und schreibt: »Das mittlere Management umfasst Führungskräfte, die auf direkter Linie zwischen der strategischen Spitze und dem ausführenden Kern einer Unternehmung stehen und dabei eine Abteilungs- oder Bereichsleiterfunktion mit Personalverantwortung innehaben« (2019, S. 16). Die mittleren Manager selbst sehen Personalführung, Informationsvermittlung und Strategieumsetzung als wichtigste Funktionen an.

Wie fühlt sich Arbeiten in und an dieser Position an? Welche Stärken, aber auch Schwächen bringen mittlere Manager mit? Auf den folgenden Seiten werfen wir einen Blick auf genau diese Fragen.

3.3.1 Zwischen oben und unten, zwischen Druck und Vakuum

»Caught in the middle?«

Von oben und unten gleichermaßen gefordert – und manchmal getreten: Besonders macht das mittlere Management im Vergleich, dass sie im Vergleich zu Unternehmensspitze und Mitarbeitern als einzige Akteure im System konkreten Druck von zwei Seiten innerhalb der Organisation spüren. Der Vorstand äußert Erwartungen – zum Beispiel in Form von Ergebniszielen und gibt Druck, den Shareholder und

Marktteilnehmer ausüben, ungefiltert weiter. Und manchmal auch die Probleme, bei denen der Vorstand selbst keine Lösung findet. Auch die Mitarbeiter (vgl. Kapitel 3.2) äußern heute ihre Ansprüche klarer denn je. Zum Beispiel den Wunsch nach Ausrichtung, Mehrwerten, Aufmerksamkeit und Wertschätzung. Oder die Herausforderungen, an denen sie selbst nicht weiterkommen.

Damit sind mittlere Manager eine entscheidende Sollbruchstelle im Unternehmen, an der sich Erwartungshaltungen von zwei Seiten zu einem stetig steigenden Druck verdichten. Insbesondere in Zeiten der Unsicherheit, wie wir sie in Kapitel 1 beschrieben haben. Hier entladen sich Ängste, Sorgen, Nöte, Herausforderungen schonungslos. Den Druck nach unten durchreichen funktioniert aber nicht mehr.

Stattdessen ist das mittlere Management irgendwo zwischen den unangenehmen Themen von oben und unten: eben Sandwichmanager. Sie kämpfen auf, für und mit beiden Seiten – und das alles gleichzeitig, getreu dem Motto »Einer muss es ja machen«. Oder anders formuliert: Sowohl, das was oben als auch unten nicht läuft, muss irgendwo landen. Und das ist aktuell hier: in der Mitte. Und oft erst dann, wenn es so richtig brennt.

Good or bad Job?

Damit ließe sich die Aufgabe auch als Notnagel für das beschreiben, was andere Rollen nicht lösen können. Eine Art Bad Bank – bzw. Bad Job – für das Unangenehme im Unternehmen, in der Hoffnung, dass Unmögliches gelöst oder zumindest mit Kosmetik kaschiert wird. Wenn wir euphemistisch sind, könnten wir eine auf diese Weise ausgestalte Rolle im mittleren Management als Feuerwehr betiteln. Wenn wir zynisch darauf blicken, ist auch der Begriff Müllhalde geeignet.

Das klingt nicht nach einer attraktiven Daseinsbeschreibung. Und so dürfen wir uns nicht wundern, wenn immer weniger junge Menschen sich der Herausforderung, Führungskraft zu werden, stellen möchten. Gemäß der BCG-Studie »Human-centered leaders are the future of leadership« sehen sich in den nächsten fünf bis zehn Jahren nur 14 Prozent der befragten Personen selbst in einer Führungsrolle.

8 in 1: Anforderungsprofil für mittlere Manager

Doch was ist wirklich die Aufgabe von Führungskräften? Feuerwehr und Müllabfuhr oder Entwickler, Gestalter, Planer und Mitreißer? Werfen wir einen noch genaueren Blick aufs Anforderungsprofil, das die wissenschaftliche Literatur für mittlere Manager definiert hat. Gemäß Robert E. Quinn sind das acht zentrale Aufgaben- und Funktionsfelder (Walter, S. 166):

1. **Innovator:** Visionen entwerfen, Veränderungen auslösen, Mitarbeiter motivieren.
2. **Broker**: Politisch klug agieren, Ressourcen und Kontakte managen.
3. **Facilator**: Nach Konsens und Win-win-Situationen suchen und ermutigen.

4. **Mentor**: Zuhören und individuelle Bedürfnisse berücksichtigen und die Mitarbeiter entsprechend in ihrer Entwicklung fördern.
5. **Producer:** Aufgabenorientiert mit Fokus auf Erreichung der Ziele.
6. **Director:** Ziele, Rollen und Erwartungen definieren – und formulieren.
7. **Coordinator:** Strukturen, Zeitplanung, Koordination sowie das Einhalten von Regeln und Standards sicherstellen.
8. **Monitor:** Informationen verteilen, Ergebnisse überprüfen und für Kontinuität sorgen.

Bemerkenswert an dieser Liste ist zum einen, dass Visionen und Veränderungen als konkreter Bestandteil der Aufgaben aufgeführt werden. Es wird jedoch nicht näher spezifiziert, welchen Wirkungsradius diese haben oder haben können. Das lässt entsprechenden Interpretationsspielraum, wenn es um die Frage geht, in welchen Bereichen mittlere Manager primär gefordert sind, Visionen und Strategien voranzutreiben. Nur im eigenen Aufgabenbereich – oder auch darüber hinaus? Gemäß der Studie der Dr. Jürgen Meyer Stiftung befürworten 69 Prozent der mittleren Manager jedenfalls stärker in strategische Entscheidungsprozesse eingebunden zu werden: »Besonders die mittleren Manager in großen Unternehmen wünschen sich einen institutionalisierten Dialog mit dem Topmanagement« (2021, S. 7).

Zum anderen zeigt sich auch hier eine enorme Bandbreite der täglichen Aufgaben: Es geht in der Rolle als Koordinator darum, das Tagesgeschäft zu sichern, in der Rolle des Mentors darum, Menschen zu verstehen und weiterzuentwickeln ebenso darum, strategisch und vor allem zukunftsorientiert vorzugehen – so insbesondere in der Innovator- und Brokerrolle. Dieses Spektrum zu vereinen und ihm gerecht zu werden, kann nicht jeder. Natürlich ist die Ausprägung einzelner Skills und Anforderungen je nach Position unterschiedlich stark. Das Lösen von Problemen, die an anderer Stelle nicht gelöst werden, steht nicht explizit dabei. Es ist in der Praxis aber zusätzlicher Bestandteil.

Mythos oder Wahrheit: Druck, der Diamanten formt?

So unangenehm der Druck fürs mittlere Management auch sein mag – es liegt darin für die Unternehmen eine Chance. Denn der mit dem Druck einhergehende Schmerz lässt manche Sandwichmanager zu wichtigen Unterstützern von strategischen Transformationsaufgaben werden. Aus ihrem Wissen um die offenen Flanken können sie Handlungsfelder und konkrete Maßnahmen ableiten. Und damit können sie dem Unternehmen durchaus mehr Leistung bieten als im eigenen Anforderungsprofil der besetzten Stelle stehen mag. Getreu dem Motto »Love it, change it or leave it« wird der Druck als Katalysator für die Lösung wichtiger Unternehmensfragen genutzt. Damit nehmen Sandwichmanager in ihrer Rolle zwischen oben und unten eine entscheidende Position bei der Gestaltung von Transformationsprozessen ein: manchmal als Umsetzer, manchmal als Entwickler und manchmal gar als Initiator.

Wenn Druck auf Vakuum trifft
Besonders günstig dafür (und für die mittleren Manager besonders anstrengend) sind die Bedingungen, wenn Druck von unten auf ein strategisches Vakuum seitens der Unternehmensleitung trifft und sich dann in der Mitte entlädt. Das ist die Situation, wenn es keine Antworten auf die Fragen gibt, die das mittlere Management wie auch die Belegschaft bewegen. Wenn keine Positionierung da ist, keine Idee für eine Geschichte, für eine Weiterentwicklung. Wenn keine Entscheidungen getroffen werden. Dann müssen die Sandwichmanager eigene Lösungen entwickeln – auch wenn das aus der mittleren Position einem Kraftakt gleicht und das mittlere Management damit eine Aufgabe erfüllt, die an anderer Stelle nicht oder unzureichend bearbeitet wurde.

Zusammengefasst heißt das: Die Mitte kann auf Grund ihrer Aufgaben und Position zum Transformationsbeschleuniger werden. Doch hat das seinen Preis: Frustration und Burnoutrisiko sind hier am größten. Denn die Gefahr unter Unrat, der gleich von zwei Seiten kommt, zu ersticken, ist groß. Und während diese herausfordernde Position die einen antreibt, das Beste aus der Situation herauszuholen, gibt es die anderen, die jetzt erst recht ängstlich verharren. Die Situation einfach aussitzen oder akzeptieren und verwalten, statt gestalten. So scheinen nicht nur die Aufgaben von mittleren Managern wie zwischen zwei Welten gefangen. Gleiches gilt für ihr Image: Während sie von den einen kritisch als »Lähm«-Schicht bezeichnet werden, so sehen die anderen in ihnen die Chance des verbindenden Elements. Beiden Perspektiven widmen wir uns in den nächsten beiden Kapiteln.

Zuvor noch ein Funfact: Die Recherche zu Aufgaben für Führungskräfte und mittlere Manager hat sich also deutlich einfacher herausgestellt als die Recherche zu den Aufgaben von Vorständen und dem Topmanagement. Auch das mag an der im Vergleich höheren Anzahl an Führungskräften im Vergleich zu Vorständen liegen. Es könnte aber auch implizieren, dass die Aufgaben von Vorständen im Vergleich wissenschaftlich noch nicht tief und breit genug erforscht wurden, was durchaus als Impuls für die wissenschaftliche Literatur und ihren Fokus gewertet werden darf.

3.3.2 Zwischen Licht und Schatten: Die Mitte als Lähmschicht?

»Überfordert, mutlos – eben einfach mittelmäßig«

Ähnlich wie in Kapitel 3.1 mit den vier Vorstandstypen unterziehen wir im Folgenden auch das mittlere Management einer (selbst-)kritischen Betrachtung: Was für Menschen sind das eigentlich? Junge Nachwuchsführungskräfte, die unvorbereitet ins kalte Wasser geschmissen werden? Alte Hasen, die träge geworden sind und seit Jahrzehnten in der gleichen Führungsposition verharren? Von außen geholte High-Potentials, die ganze Abteilungen innerhalb kürzester Zeit rücksichtlos von links

auf rechts drehen (wollen)? Plakative Klischees sind schnell zu Hand, wenn wir an die verschiedenen Typen im mittleren Management denken. Aber wie ist die Realität?

»Folgt man der medialen Darstellung, so ergibt sich in der Gesamtschau ein trauriges Bild einer überforderten und überlasteten Managementebene, die eine nicht unerhebliche Mitschuld an ihrer körperlichen und mentalen Misere trägt und zu allem Überfluss Unternehmen auch noch in ihrer Entwicklung hemmt«, so konstatiert die Studie der Dr. Jürgen Meyer Stiftung (2019, Seite 10).

Verloren in der Mittelmäßigkeit?
Lehmschicht, Lähmschicht, Lameschicht: Es gibt viele Möglichkeiten, das mittlere Management sprachlich zu verunglimpfen. Auch das Attribut »mittlere« suggeriert per se eine gewisse Mittelmäßigkeit – und eben nicht High-Performance. So stehen mittlere Manager seit längerer Zeit unter starkem Rechtfertigungs-, Rationalisierungs- und Veränderungsdruck. Es sind erhebliche Zweifel geäußert worden, ob sie überhaupt zur Erhaltung oder Steigerung des Unternehmenswertes beitragen. Die wissenschaftliche Literatur liefert hier durchaus Futter: So erkennen hinsichtlich Motivation und Engagement mehrere Studien einen Abwärtstrend beim mittleren Management (Walter, S. 40). Dafür kristallisieren sich primär vier Gründe heraus: *Rollenkonflikte* (zum Beispiel aufgrund struktureller oder moralischer Herausforderungen), *Überlastung* und *Überforderung* (zu viele Aufgaben bei zu wenige Gestaltungsspielraum), *fehlende Wertschätzung* (finanziell als auch immateriell) sowie eine *nicht-systemische Personalentwicklung* (ohne echte Sanktionierung oder Honorierungs- sowie Trainingsmöglichkeiten). Die Unsicherheit unserer VUCA- und BANI-Welt schlägt zudem auch hier voll zu: Haben Führungskräfte heute wirklich schon die Führungsmethoden und Kommunikationsskills intus, die es braucht, um mit Brüchigkeit, Angst, Nichtvorhersehbarkeit und purem Chaos umzugehen?

65 Prozent der Führungskräfte in Deutschland, die in den vergangenen zwei Jahren einen wesentlichen Veränderungsprozess angestoßen haben, sagen, dass sie diesen Veränderungsprozess und seine Notwendigkeit gut erklärt haben. Doch nur 42 Prozent der Mitarbeiter bestätigen das (Eggert, S. 49). Fazit: Selbst- und Fremdeinschätzung stehen nicht immer in Einklang

Gatekeeeper für Veränderungsakzeptanz
Mittlere Manager können Transformationsvorhaben beschleunigen – aber gleichzeitig auch verzögern, ja verhindern. Schon deshalb ist eine enge Einbindung bei Transformationsprozessen empfehlenswert: Allein um keine unnötigen Widerstände zu provozieren.: »Die vielfach vernetzten Multiplikatoren und Meinungsmacher in der Unternehmensmitte können jegliche Art von Entwicklung, Veränderung oder Innova-

tion im Unternehmen wasserfallartig entweder zum glorreichen Erfolg führen oder aber in einem dramatischen Misserfolg enden lassen« (Walther, S. VII).

Beispiel: Von mittlerem Management als Gatekeeper von Veränderungen

Sandra war lange Zeit als Director für Kommunikation und HR bei einer Online-Bewertungsplattform tätig und hat dort innerhalb der Geschäftsführung Transformationsprozesse begleitet.

»Mit dem Ziel, mehr Wachstum zu generieren und eine perfomanceorientierte Unternehmenskultur zu begründen, sind der damalige CEO und wir als Topmanagement gestartet. Das Problem: die erste Zeit hatten wir das mittlere Management nicht hinter uns. Sie wurden eher zum Klassensprecher der Mitarbeiter und zweifelten Sinnhaftigkeit und Notwendigkeit der Veränderungen. Einfach weil die Firma in dem Moment ja nicht schlecht lief. Du brauchst aber ein starkes mittleres Management, wenn du etwas bewegen möchtest. Sechs Leute an der Spitze, die sich abstrampeln, reichen nicht. Das war für uns eine schmerzhafte Erfahrung. Wie auch das Feedback aus der ersten Mitarbeiterumfrage gezeigt hat, die durchaus als Klatsche zu verstehen war. Mir hat das gezeigt, wie viel Macht im mittleren Management steckt. Und wie sehr Emotionalität lähmt – und damit die Produktivität einer Firma gänzlich lähmen kann. Die Leute sprechen schließlich irgendwann von kaum etwas anderem und beschäftigen sich gegenseitig mit dem Meinungsaustausch zur Veränderung. Erst als wir einen Kurswechsel vollzogen haben und das mittlere Management stärker eingebunden haben, wurde die Akzeptanz größer. Der Transformationsprozess: Gerade deshalb rückblickend ein Erfolg. Aber erst seit der bewussten Ausrichtung aufs mittlere Management.«

Überfordert mit den Aufgaben?

Vorgesetzte, Kollegen, Mitarbeiter, Kunden, externe Stakeholder – auf mittlere Manager strömen jeden Tag vielen Fragen und Anforderungen ein. »Leider passen die Erwartungen all dieser Anspruchsgruppen nur in den seltensten Fällen zusammen. Daraus speist sich also die große Herausforderung für jeden Mittleren Manager, mit seinem jeweiligen, ganz individuellen, persönlichen Profil alle Interessen und Anforderungen ›unter einen Hut zu bringen‹« (Walter, S. 113). Studien zeigen »(…), dass die Sandwich-Manager von heute ihre eigenen Kompetenzen als zu gering für die anstehenden Aufgaben einschätzen« (Walter, S. 115).

Selbstbewusstsein gehört also nicht zu den Stärken der meisten mittlerer Manager – und wenn ja, dann oft genau zu denen, bei denen eigentlich nicht viel dahinter ist: Blender im mittleren Management, die sich mit fremden Federn schmücken oder viel erzählen, aber wenig selbst leisten. Wo hingegen manche High-Performer Schwächen haben in der Darstellung ihrer eigenen Leistung – und im Gesamtbild untergehen. Beide Typen befördern das Image des mittleren Managements nicht – und können ihm sogar schaden.

Höhere Führungsspanne – höheres Arbeitspensum

Die Überforderung ist größer, da die Führungsspanne, die die Führungskräfte betreuen müssen, in den letzten Jahren zugenommen hat. Denn wenn Unternehmen Hierarchien auch nicht ganz abschaffen wollen, so haben doch einige die Hierarchiestufen zumindest ausgedünnt. Und das ist gut, hat aber auch Risiken: Während in der Fachliteratur als guter Maßstab für Führungskräfte gilt, ein Dutzend direkt geführte Mitarbeiter pro Führungskraft zu haben, so sind es in der Praxis manchmal zwei, drei- oder viermal so viele. Ist die Führungskraft dann noch im Tagesgeschäft eingebunden, bleibt für Führung wenig Zeit. Die Gefahr der Überforderung steigt aufgrund der schieren Zahl an Mitarbeitern. So stufen 60 Prozent der mittleren Manager ihre Arbeitsbelastung als hoch oder sehr hoch ein (Dr. Jürgen-Meyer-Studie, S. 6). Als Hauptgründe werden die zunehmende Komplexität, Vielfalt der Aufgaben und eine zu geringe Ausstattung mit Personal genannt.

Gefahr der Mutlosigkeit

Zudem müssen wir für das mittlere Management konstatieren: Mut gehört nicht zu seinen Stärken. Insbesondere gegenüber dem Vorstand fehlt es dem mittleren Management an Courage, geschlossen Position zu beziehen und unsinnig erscheinenden Entscheidungen des Vorstands zu widersprechen. Die Praxis: Nett lächeln und mitmachen – statt die Meinung zu sagen, wenn es erforderlich ist. Der Respekt vor der Hierarchie scheint hier kurioser Weise größer zu sein als der, den die eigenen Mitarbeiter den Führungskräften selbst entgegenbringen. Hinter vorgehaltener Hand ist man da offener. Doch: Muss man nicht gerade von der Führungsregie erwarten, dass sie ihre Meinung offen artikuliert und Haltung einnimmt, wenn es erforderlich ist? Das getrauen sich üblicherweise nur einzelne Führungskräfte, die dann rasch als Rebellen »gelabelt« werden.

Ein Grund für das wenig mutige Verhalten kann Verlustangst sein. Der einmal erreichte Status wird ungern aufs Spiel gesetzt, eine in Aussicht gestellte Beförderung nicht riskiert. Das geht auf Kosten der Bereitschaft auszusprechen, was man wirklich denkt. Da schwimmt man lieber mal unauffällig mit, auch wenn echtes Leadership anders funktioniert.

Gebraucht werden, um des Gebrauchtwerden willens?

Darüber hinaus übernimmt manche Führungskraft Aufgaben, die eigentlich gar nicht die ihren sind – und macht sich damit zum servilen Dienstleister, empfindet vielleicht sogar Bedeutung durch das Ausarbeiten eines Plans für den Vorstand, den dieser dann als eigenes Arbeitsergebnis präsentiert. Und ist es nicht ein gutes Gefühl, zu wissen, dass man gebraucht wird, um Kleinkriege oder profane Aufgaben der Mitarbeiter zu lösen? Wer gebraucht werden will, findet im mittleren Management genug zu tun. Doch ob die Zeit auch sinnvoll und für den Unternehmenserfolg damit sinnstiftend genutzt wird, steht auf einem anderen Blatt. Kurzum: Mittlere Manager tragen eine

Mitschuld, warum das bei ihnen landet, was da landet – und daran, dass ihr Image nicht das Beste ist.

3.3.3 Die Funktion der verbindenden Qualität

»Das starke Reich der Mitte«

Trotz der Kritik, die aus dem vorausgehenden Abschnitt herauszulesen ist – das mittlere Management kann als verbindendes Element zum entscheidenden Faktor werden, wenn es um das Demonstrieren von Einigkeit und Überzeugung geht. Es kann der entscheidende Übersetzer sein in Zeiten, in denen jeder eine andere Sprache spricht. Und genau den brauchen Unternehmen, die in einer VUCA- und BANI-Welt die notwendige Transformation umsetzen.

Die empirische Forschung zeigt, dass mittlere Manager Innovatoren und Initiatoren strategischer Erneuerung aus eigenem Antrieb sind. Sie tragen zur Initiierung, Mobilisierung und organisationspolitischen Absicherung von Reorganisationsprozessen bei. Diese mittleren Manager repräsentieren einen Teil des Mitarbeiterwertes einer Organisation und sie sind wichtiger Teil des intellektuellen Kapitals einer Unternehmung. (Schirmer 2006, S. 273)

Das mittlere Management als Kommunikations-Drehkreuz

Warum ist es so, dass das mittlere Management insbesondere in Zusammenhang mit Transformation und der Bewältigung der gemeinsamen Bearbeitung der Herausforderungen so wichtig ist?

Zum einen weil im mittleren Management die Funktion des Übersetzers steckt, den es in Zeiten der Veränderung mehr denn je braucht. Die Mitte ist das verbindende Element, die Fugenmasse. Konkret heißt das: Mittlere Manager können ihren Teams ...

- Sicherheit geben, die sie an anderer Stelle nicht erfahren und in diesen Zeiten besonders brauchen,
- die Hintergründe erläutern, warum der Beitrag des einzelnen fürs große Ganze wichtig ist,
- Veränderungen im Konzern deuten und das Team wissen lassen, welche Neuigkeiten oder welchen Unrat man besser vorbeischwimmen lässt – und welche(n) nicht,
- nach oben berichten von den entscheidenden Erfahrungen – und zurückkoppeln, welche Konsequenzen Entscheidungen oder Nichtentscheidungen bedeuten.

Damit bringen mittlere Manager wie ein großer Bahnhof, ja besser Drehkreuz, die richtigen Ansprechpartner und Information zur richtigen Zeit zusammen. Kurzum: Das mittlere Management betreibt Transformations-Tetris.

Das mittlere Management als Beschleuniger

Zum anderen, weil im mittleren Management die Kraft steckt. Als Katalysator, wenn es darum geht, die Transformationsstrategien zum Leben zu erwecken. Und manchmal sogar als Initiator der Transformation, wenn das Topmanagement Antworten offenlässt, die die Mitarbeiterschaft vehement einfordert. Diese Kraft entwickelt sich im Vergleich zum Vorstand schon allein aus der Anzahl: Schließlich gibt es in Unternehmen deutlich mehr Führungskräfte als Vorstände. Durchschnittlich gehören in Großunternehmen 15% des Personals zur mittleren Führungsebene. Zum Topmanagement nur 0,5% (Walter, 2016, S. V). Sie sind nicht der Kopf einer Organisation, aber sie steuern ihren Bauch – und damit alle Umsetzungsprozesse. Zusammengenommen können die mittleren Führungskräfte deshalb mehr bewegen als es das Topmanagement kann – wenn sie sich dessen denn nur bewusst sind.

Maximum an Wissen

Würden sich alle mittleren Manager eines Unternehmens vernetzen und ihr Wissen zusammenlegen, es wäre die Gruppe mit dem meisten Wissen. Warum? Mittlere Manager wissen, wie es wirklich um Projekte, Prozesse und die Praxis steht. Während Vorständen gerne mal geschönte Projektpläne vorgelegt werden. Das so genannte Melonen-Phänomen: Ein roter Projektstatus wird in einen grünen Mantel gesteckt. Mittlere Manager sind näher dran an den Themen und erkennen die Melonen-Projekte – sie wissen, wo es weh tut. Dazu müssen sie den Tellerrand der eigenen Fachlichkeit allerdings auch mal verlassen, ihr Wissen zusammenlegen und die Erkenntnisse gegenüber dem Topmanagement klar artikulieren.

Mehr Spielraum

Warum tun sich mittlere Manager mit dem Initiieren und Vorantreiben von Veränderungen sogar leichter als der Vorstand? Im Vergleich zum Topmanagement haben Sandwichmanager einen entscheidenden Vorteil. Sie stehen weniger unter Beobachtung, sind weniger geknechtet durch Risiken und Regulatorik – und haben streng genommen auch weniger zu verlieren. Was das bedeutet? Sie können sich auf den Spielfeldern, die sich Ihnen bieten, mehr austoben und kreativer an die Aufgaben herangehen, als es ein Vorstandsmitglied kann. Ein echtes Asset, unbefangener an Transformations-Herausforderungen und Challenges aller Art heranzutreten.

Leadership-Aufgaben bleiben offen

Tatsächlich werden Veränderungsprozesse in Unternehmen durch Change Manager und Agile Coaches begleitet. Diese konzentrieren sich in der Regel auf die übergeordnete Story oder die Einführung von Methoden. Product Owner und Scrum Master, die wir aus agilen Methoden kennen, haben vor allem den Projekterfolg bzw. den Weg dorthin im Blick. Fachspezialisten sind nicht automatisch gute Kommunikatoren. Wer aber bringt losgelöst eines einzelnen Projekts zusammen, wer zusammengehört? Wer kümmert sich um die Mitarbeiter, die einen Anstupser brauchen, um sich weiterzuentwickeln? Das kann in Form von Bestärkung, von Kontrolle oder von Ehrgeizwecken sein. Eine gute Führungskraft weiß, wo und wie sie ihre Mitarbeiter packen kann. Ohne sie droht diese Motivierung ersatzlos zu entfallen. Ohne Führungskräfte würde das individuelle, empathische Einstellen auf die verschiedenen Mitarbeiter und ihre Unterschiedlichkeiten nichts stattfinden. Eine Zunahme weiterer Unsicherheit, Desorientierung und Motivationsrückgang sind die Gefahr.

Zusammenfassend lässt sich sagen: Führungskräfte im mittleren Management servicieren ihre Vorgesetzen und ihre Mitarbeiter gleichermaßen. Beidhändig wissen sie, mit beiden Zielgruppen umzugehen. Sie sprechen die Sprache beider und stellen sich empathisch auf ihre jeweiligen Gegenüber ein. Damit sind sie vor allem eines: Der Übersetzer von Informationen, Ideen und Erkenntnissen. Sie dürfen aber nicht als Auffangbecken missbraucht werden, von dem was oben wie unten nicht läuft. Nicht als eierlegende Wollmilchsau, die dort einspringt, wo man sie gerade braucht und über die Schwächen der eigenen Mitarbeiter oder Vorgesetzen darüber deckt. Stattdessen als Katalysator, Orchestrierungsprofi und Übersetzer. Als jemand, der nicht im Schatten, sondern als anerkanntes Mitglied auf Augenhöhe akzeptiert wird.

3.3.4 Der Praxis-Check: Die mittleren Manager als Underdogs

»Lieber unterschätzt statt overrated?«

Wenn wir die letzten Kapitel rekapitulieren und den mittleren Manager in einem Wort zusammenfassen sollen, dann erscheint uns der Begriff des »Underdogs« geeignet. Deshalb hat er es auch als Unterzeile auf den Titel dieses Buches geschafft.

Definition Underdog

Der Duden definiert ***»Underdog«*** wie folgt: *Substantiv, maskulin* [der]. Bedeutung: [sozial] Benachteiligter, Schwächerer; jemand, der einem anderen unterlegen ist.

Warum ist die Definition auch für mittlere Manager so passend? Trotz aller bislang beschriebenen Stärken gilt eine Führungskraft im Vergleich zu einem Vertreter des C-Levels als der Unterlegene. Auch in Zeiten von New Work und Agilität hören wir in Besprechungen noch immer: »Aber Ober sticht Unter«. Ganz gleich, was man leistet. Es gibt immer den einen Overdog, der als Gatekeeper überzeugt werden muss – oder der mit einer vernichtenden Einschätzung alles zu Nichte machen. Zwischen Topmanagement und den mittleren Managern gibt es ein Gefälle. Schickt man beide in den Ring, ist der eine immer im Vorteil. Das Topmanagement kann die Hierarchie-Karte jederzeit ausspielen.

Mit dieser Machtposition der Overdogs geht einher, dass man diesen automatisch die größere Handlungsmacht unterstellt: Soll heißen: Wenn man an die Transformation von großen Unternehmen denkt, wird man Idee, Umsetzung und Erfolg immer der verantwortlichen Vorstandsriege zuschreiben. Das ist per se auch nicht falsch, schließlich trägt das Topmanagement am Ende die Verantwortung und ist *der* Entscheider für alle wichtigen Schritte. »Es liegt also in gewisser Weise in der Natur der Sache, dass das Topmanagement mehr Aufmerksamkeit erfährt als die mittleren Führungsebenen«, konstatiert auch die Studie der Jürgen Meyer Stiftung (S. 10). »Der Bedeutung des mittleren Managements für den unternehmerischen Erfolg wird das kaum gerecht. Denn die strategischen Vorgaben können noch so gut sein, wenn sie niemand zielführend und effizient umsetzt.« Es bedeutet also, dass im aktuellen Fokus auf die wichtigsten Akteure im Unternehmen, diejenigen untergehen, die für die Übertragung der Vorhaben in die Operative verantwortlich zeichnen.

Keine Revolution – aber mehr Wahrnehmung

Beim Bewältigen von Transformationsaufgaben sind schwere Steine zu bewegen. So fühlt sich Transformation manchmal an wie bei den alten Ägyptern: Wir kennen den Namen des Pharaos – aber nicht den Architekten der Pyramide. Ein typisches Underdog-Beispiel. Wir brechen eine Lanze dafür, diese eingeschränkte und reduzierte Form der Wahrnehmung zu durchbrechen. Dabei geht es nicht darum, eine Palastrevolution anzuzetteln oder den Pharao zu stürzen – sondern darum, denen Wertschätzung zu Teil werden zu lassen, die schwere Steine bewegen. Das Durchhalten der langwierigen Prozesse wird schließlich vom mittleren Management initiiert, gesteuert und nachgehalten – und von ihnen und ihren Teams mit vollem Körpereinsatz bewegt.

Doch nicht nur die gelungene, geometrische Umsetzung – um beim Beispiel des Pyramidenbaus zu bleiben – auch die Idee für das Bauwerk kann aus der Mitte stammen: Denn aufgrund ihrer Position, eingebettet in das Operative sind gerade die Underdogs in der Lage, konkrete Lösungen zu akuten oder zukünftigen Fragestellungen zu entwickeln. Oder anders gesagt: Wir wissen bis heute nicht, wer wirklich die Idee für die Form der Pyramide hatte. Vielleicht war es eine Idee aus der Mitte.

So fordert auch die Studie der Dr. Jürgen Meyer Stiftung, dass Entscheidungskompetenzen auf die mittleren Manager verlagert »und ihnen der notwendig Kompetenzspielraum und die entsprechende Verantwortung eingeräumt werden« (2019, S. 92) müssen. »Unternehmen müssen das mittlere Management stärker professionalisieren. Dies beinhaltet auch eine präzise Bestimmung von Aufgaben, Kompetenzen und Verantwortungen« (2019, S. 92).

4 Zwischenfazit Teil 1

»So läuft es aktuell in Unternehmen – und das lernen wir daraus.«

Fassen wir dieses Kapitel zusammen:

- **Unsere Welt ist geprägt von großer Unsicherheit.**
  Die fetten Jahre sind für viele Geschäftsmodelle in Unternehmen vorbei. VUCA und BANI beschreiben unsere Welt als chaotisch, brüchig, komplex – und vieles mehr. Für Unternehmen resultiert daraus die Notwendigkeit sich zu verändern.
- **Entscheidungen, Leitstern und Ressourcen fehlen – zu oft.**
  Viele Organisationen sind noch nicht so aufgestellt, dass sie dem Wandel dauerhaft und souverän begegnen können. Maßgebliche Entscheidungen oder Investitionen wurden oder werden aufgeschoben – stattdessen stürzt man sich in beherrschbar wirkendes Micromanagement und Verteilkämpfe.
- **Organisationen versuchen Antworten in Form neuer Modelle der Zusammenarbeit zu finden – und verstricken sich in Komplexität.**
  Insbesondere neue Arbeitsmethoden wie die Agilität liefern wertvolle Impulse für die Art und Weise, wie sich Teams organisieren – diese sind aber nicht anschlussfähig zu den vorhandenen, nach wie vor klassisch geprägten Gesamtstrukturen und drohen zur Komplexität und Widersprüchen in Unternehmen beizutragen, anstatt Erleichterung zu schaffen.
- **Mittlere Manager als ausgleichendes, verbindendes und synchronisierendes Element sind geforderter denn je.**
  Regulatorik und zu große operative Einbindung überfrachten die Vorstandsrolle. Gleichzeitig artikulieren die Mitarbeiter Ansprüche mehr denn je, agieren selbst aber durchaus widersprüchlich und drohen sich aufs eigene Projekt statt aufs große Ganze zu konzentrieren. Mittlere Manager vermitteln zwischen oben und unten. Sie sind nah genug dran an den echten Druckpunkten der Unternehmen – und in ihrem Horizont breit genug aufgestellt, um zu erkennen, was es für die Bearbeitung dieser braucht. Damit sind sie als synchronisierendes und verbindendes Element geforderter denn je, haben in Sachen Transformation aber kaum Sichtbarkeit und gelten im Hinblick auf dieses Thema als »Underdogs« und oft eher als »Lähmschicht«.

Was können wir daraus lernen?

- **Beitrag der Underdogs anerkennen**
  Unternehmen sollten anerkennen, welchen Beitrag einige vermeintliche Underdogs zu ihrer Transformation leisten: Die Kraft im Unternehmen, die Sinn und Zukunft stiftet, entspringt auch aus dem mittleren Management. Unternehmen brauchen mehr denn je Menschen, die zusammenbringen, wer zusammengehört,

und die den Prozess zur Lösungsfindung moderieren, um gerade in chaotischen Zeiten Transformationsfortschritte zu machen.

- **Eigene Positionierung schärfen**
  Das mittlere Management selbst muss selbstbewusster werden, die eigene Positionierung hinterfragen und schärfen. Den Status quo fortführen, reicht nicht. Stattdessen muss der eigene Beitrag an der Transformation transparent gemacht und über Jahre gesammelte Vorurteile abgeschüttelt werden.
- **Leistungsfähigkeit demonstrieren**
  Dafür müssen Underdogs erst beweisen, dass sie die schweren Aufgaben rund um Transformation tatsächlich gestemmt bekommen. Jeden Tag den Beitrag aufs Neue leisten – getreu dem Motto *»Und wieder ein Stückchen geschafft«*. Das schafft Credibility und Zutrauen für die Aufgaben, die vor ihnen, ja vor uns allen, liegen. Und gibt Rückenwind mehr zu verändern als nur Details.

Teil 2: Erste Hilfe, erste Schritte: Effektive Underdog-Strategien fürs ~~Überleben~~ *Voranbringen*

»Als Sandwichmanager Dinge bewegen – trotz Unsicherheit und Organisationsversagen.«

Im vorausgegangenen Teil haben wir Erwartungsmanagement betrieben und zusammengefasst: In den seltensten Fällen werden Sie im mittleren Management (oder in Unternehmen im Allgemeinen) eine Umgebung mit idealen Rahmenbedingungen vorfinden. Weil Klarheit, Leitstern und wichtige Entscheidungen fehlen. Und weil wir auf die Anforderungen der VUCA- und BANI-Welt und des daraus resultierenden dauerhaften Wandels noch nicht angemessen reagieren können. Die dysfunktionale Organisation ist die neue Realität. Mit ihr müssen wir im Hier und Jetzt – im wahrsten Sinne des Wortes – arbeiten.

Was mit diesen Dysfunktionen gemeint ist? Wir haben in Kapitel 2 gelernt: Die Mehrheit der Unternehmen ist hierarchisch geprägt. Oben müsste die Entscheidung fallen, unten die Umsetzung entstehen. Die Ergebnisse werden wieder zurück nach oben gespielt. Der typische Kreislauf der Hierarchie. Am Status quo erkennen wir: Der Kreislauf ist ins Stocken geraten. Oft werden oben keine Entscheidungen getroffen. Und es ist nicht klar, wo das Unternehmen hinwill. Gefühlt ist ein Vakuum entstanden. Wesentliches wird aufgeschoben oder ausgegessen. Rahmenbedingungen werden nicht gesetzt, die für den mittleren Manager notwendig wären, damit er einen guten Job machen kann – auch schon in der Tagesarbeit. Also macht er sich selbst auf den Weg, um die Dinge voranzubringen.

Mittlere Manager können es sich oftmals nicht leisten, zu warten bis Fehlfunktionen in Organisationen geheilt sind. Der Druck ist bereits jetzt schon zu groß – von oben, wie von unten. Deshalb braucht es Strategien für das Hier und Jetzt, mit dem beschriebenen Vakuum umzugehen, ganz konkret, wenn es um den morgigen – ja besser noch heutigen – Arbeitstag geht.

Ziel: Handlungsfähig im Heute

Bevor wir uns in Teil 3 anschauen, wie sich Organisationen und die Rollen der Akteure angemessen auf die neue Volatilität einstellen können, widmen wir uns den kurzfristigen Möglichkeiten, die mittlere Manager schon heute nutzen können. Im Mittelpunkt steht die Frage: Welche Herangehensweisen eignen sich, Themen anzugehen, durchzubringen und weiterzuentwickeln, auch wenn der Antrieb von vorne oder hinten fehlt? Wie kommt man rascher zu Entscheidungen, auch wenn sich die Organisation selbst noch nicht zukunfts- und transformationsbereit aufgestellt hat? Wie lässt sich die Überzeugung der Entscheider, für das Essentielle, um den eigenen Job angemessen erledigen zu können, gewinnen? Genau diesen Fragen und Gedanken widmet sich dieses Kapitel. Die Essenz haben wir in 12 plakative Takeaways gepackt.

Dabei betrachten wir dieses Kapitel in erster Linie aus der Perspektive der mittleren Manager und sprechen Sie als Leser in dieser Rolle aktiv an. Denn sie – bzw. besser Sie – sind diejenigen, die im Gesamtkonstrukt eine entscheidende Schlüsselrolle für aktive Veränderungsinitiativen sowie die Motivation der Teams einnehmen. Kurzum: Sie können mehr Veränderung anstoßen und umsetzen, als Sie sich heute vielleicht selbst zutrauen. Und das nicht erst morgen, sondern heute.

Teil 2 ist wie folgt aufgebaut:

- Zunächst beleuchten wir in Kapitel 5 die Notwendigkeit dieser Strategien sowie die Frage, welche Anlässe, aber auch Voraussetzungen es braucht, damit Impulse der Verbesserung zu Impulsen der Veränderung werden – und warum dabei in Unternehmen sogar ganze Schattenorganisationen entstehen können.
- Daraus leitet sich in Kapitel 6 ab, über welche Überzeugungs- und Gewinnungsstrategien Sie Ihr Topmanagement begeistern – und vor allem beim Treffen von Entscheidungen sanft steuern können.
- Weil Sie dazu auch ein Team sowie Unterstützer auf unterschiedlichsten Ebenen brauchen, widmet sich Kapitel 7 dem Thema, wie Sie diese Gruppen mitreißen können und für sich gewinnen. Auch das gehört zum Alltag mittlerer Manager: Nicht nur nach oben ausrichten, sondern den 360-Grad-Blick bewahren.
- Doch all diese Strategien sind nichts wert, wenn Sie selbst nicht die notwendigen Eigenschaften mitbringen. Deshalb widmen wir dieser Frage in Kapitel 8 ein eigenes Unterkapitel: Welche Persönlichkeitsmerkmale sollten Sie selbst mitbringen und trainieren, um die Herausforderungen, die Ihnen zwischen Schreibtisch, Kaffeemaschine, Kantine und Homeoffice Tag für Tag begegnen, meistern zu können? Denn die werden nicht weniger.

Schritt für Schritt zum Übersetzer

Teil 2 zeigt damit, wie Sie der in Teil 1 definierten Rolle des Übersetzers schon heute gerecht werden – und das ganz konkret. Wie sich Entscheidungsspielräume erkennen und erweitern lassen. Wie über die Politik der kleinen Schritte die ersten Vorboten eines Wandels angestoßen werden. Vorboten, die gleichzeitig ein Beleg für die Leistungsfähigkeit des mittleren Managements darstellen.

Noch eines sei vorab erwähnt: So können Hinweise auf den ersten Blick anmuten, als würden sie sich selbst widersprechen. Zum Beispiel kann es sein, dass wir zuerst empfehlen, mit einer Idee zunächst unter dem Radar zu fliegen, später aber im Gegenteil, dass Sichtbarkeit für ihre Projekte unabdingbar ist. Jeder Ratschlag ist also im Kontext zu bewerten. Unterschiedliche Phasen und Settings erfordern unterschiedliche Vorgehensweisen. Nicht jedes Werkzeug in unserem Erste-Hilfe-Kasten ist für jede Wunde geeignet. Entsprechend gehört zu den in Kapitel 8 dargelegten Eigenschaften, auch zu erkennen, wann welches Werkzeug sinnvoll ist.

5 Voraussetzungen

»Aus der Not eine Tugend machen – oder besser: Mit Tugend aus der Not.«

Damit in Unternehmen etwas in Bewegung kommt, braucht es einige Voraussetzungen. Angefangen bei guten Intentionen der handelnden Personen – und der Überzeugung diesen treu zu bleiben – bis hin zum Bewusstsein für den in Kapitel 1 beschriebenen Druck, der von außen (und manchmal innen) auf den handelnden Personen liegt. Er ist der Antreiber und seine Kraft lässt sich ins Positive übersetzen. Selbst Krisen können Beschleuniger für Veränderungsinitiativen sein – und damit willkommener Anlass, Entscheidungen herbeizuführen.

Was heißt das für die Praxis? Wer in Unternehmen etwas verändern will, kennt uns analysiert Voraussetzungen, nutzt Anlässe und Beschleuniger. Und er ist bereit, mühevolle Impuls- und Grundlagenarbeit zu leisten, bevor überhaupt zarte Pflänzchen der Veränderungen wachsen. Genau dieser Grundlagenarbeit widmet sich das Kapitel 5. Dabei geht es darum, aus schwierigen Situationen und fehlenden Basics Gutes entstehen zu lassen – und damit aus der Not eine Tugend zu machen – und mit der Tugend sinnstiftend etwas vorwärtszubringen.

Transformationsprozesse lehren uns zudem: Sie verlaufen alles andere als linear. Keine Veränderung geht über Nacht vonstatten. Es ist die Politik der kleinen Schritte, die uns vorwärts bringt – und die bestehende Rollen in einem neuen Licht erstrahlen lässt.

Bevor wir dieses Kapitel starten, sei noch Zeit für einen Disclaimer: Einzelne in diesem Teil des Buches beschriebene Phänomene mögen zynisch wirken. Daher sei klargestellt: Es gibt da draußen viele Best-Practice-Beispiele von Unternehmen, deren Veränderungsprozesse wie von selbst laufen. Wir sagen nur: Erwarten Sie da draußen keine prozessuale oder menschliche Perfektion. Bei allen Pilotprojekten zu agilem Arbeiten, New Work, flachen Hierarchien und mitarbeiterzentrierten Konzepten – die DNA von Unternehmen lässt sich nicht über Nacht austauschen. Und deshalb ist die erlebte Modernität oft weniger stark ausgeprägt als die Kultur, die nach außen versprochen und beworben wird. Es ist legitim, dafür Verständnis aufzubringen – und genau deshalb Strategien und Taktiken zu entwickeln, die bewusst zu dieser Welt passen.

5.1 Gute Intentionen – aber kein Auftrag

»Eigentlich möchte ich doch nur meinen Job machen!«

Auch wenn dieses Buch das Wort »Transformation« sogar im Titel trägt– in vielen Fällen beginnen Veränderungsinitiativen im mittleren Management vor allem mit dem schnöden und wenig glamourösen Tagesgeschäft und der simplen Intention, einen guten Job machen zu wollen. Was, wenn man hier als Führungskraft an Grenzen stößt? Dann kann man sich plötzlich in einer aus der Mitte heraus angestoßenen Transformation wiederfinden, ohne dass das explizit die Absicht noch ein Auftrag war. Willkommen in der »Transformation aus der Mitte«, willkommen in der »Transformation im Rahmen der Möglichkeiten«.

Die wenigsten mittleren Manager werden sich einfach so aus dem Off mit dem Thema Transformation beschäftigen. Sie ist schließlich kein Selbstzweck. In der Regel gibt es einen Anlass. Und dieser beginnt mit den Erfahrungen und Schmerzpunkten, die man im Alltag als Führungskraft sammelt: Weil zu vieles nicht rund läuft, stellt man fest, dass man im Unternehmen etwas verändern muss – sei es kulturell, prozessual und manchmal strategisch. Und plötzlich wird aus der Frage und der erstrebenswerten Intention *»Wie bekomme ich als mittlerer Manager in meinem Umfeld einen guten Job gemacht?«* die Frage: *»Wie bekomme ich als mittlere Manager konkrete Dinge verändert, die nicht nur meine eigene Abteilung betreffen, die aber zuerst verändert werden müssen, damit ich eben mit meiner Abteilung einen guten – oder noch besseren – Job machen kann.«* Einfach weil man im Tagesgeschäft auf Hindernisse stößt, die sich nicht allein bewältigen lassen und die stattdessen das Prädikat »Transformationsaufgabe« verdienen.

Beispiel: Von der Intention, Dinge voranzubringen.

Marius, Leiter für Produktmanagement bei einem großen Logistikdienstleister, beschreibt diese Denke wie folgt:

»Das Unternehmen, für das ich arbeite, hat die letzten zehn Jahre eine umfassende Transformation durchlaufen. Angefangen hat es dabei nicht mit dem einen klaren Zielbild, sondern mit einem einfachen Ansinnen: Wir haben nur versucht, etwas vorwärtszubringen. Mit dieser Intention bin ich angetreten. Teilweise bin ich offene Türen eingerannt, teilweise auf Granit gestoßen. Aber unterm Strich war es genau diese Intention, die mich geleitet hat – und das bis heute tut. Über Jahre folgte ein Schritt dem anderen. Und würde man heute beispielsweise Unternehmenskultur, Produktportfolio, Produktionsprozesse, Markenauftritt und digitale Fitness nebeneinanderlegen – man würde sagen, dass es zwei verschiedene Unternehmen sind. Manchmal beginnt es also mit dem ersten Schritt – statt dem großen Masterplan.«

Wenn Sie also nicht gerade für die Auf- und Umsetzung eines konkreten Changeprojekts geholt wurden, wird kaum ein Vorgesetzter zu Ihnen sagen: *»Mach mir mal Transformation.«* Der Impuls von Veränderungen entsteht aus den Schmerzpunkten der Operative.

Während das Topmanagement zumindest in manch einem Unternehmen hier nur ein diffuses Gefühl hat *(»Hm, irgendwie läuft es bei uns nicht mehr ganz rund«)*, können das die Ebenen darunter häufig sehr viel konkreter benennen. Sie brauchen nur den Mut (vgl. Kapitel 8), dieses Wissen zu artikulieren und eigeninitiativ zu platzieren und zu verfolgen. In einer hierarchischen Welt, wie wir sie in Kapitel 1 beschrieben haben, müsste der mittlere Manager streng genommen aber genau auf solch einen Transformationsauftrag bzw. die Freigabe zu diesem warten und ansonsten den Status quo akzeptieren und fortführen. Ein Indikator dafür, dass die Hierarchie-Pyramide und ihre Prinzipien heute nicht mehr zeitgemäß sind.

Nichts für (Aus-)Blender

Führungskräfte, die ihr Umfeld akzeptieren, auch wenn sie dieses für verbesserungswürdig halten, und Schmerzpunkte ausblenden oder aushalten, statt sie zu lösen, haben nicht die Motivation, um aus der Mitte heraus, Veränderungen voranzubringen. Je länger man in einem Unternehmen arbeitet, umso schwieriger ist es zu erkennen, an welchem dieser Schmerzpunkte man ansetzen könnte und welche Themen tatsächlich außerhalb des *Circle of Influence* liegen. Manchmal wird man blind dafür. Deshalb adressiert unser erstes Takeaway, die Intention, die Sie als mittlerer Manager selbst mitbringen:

Aus welchem Holz sind Sie geschnitzt? Wollen Sie die Zeit im Büro einfach überleben (solange es das Unternehmen tut) – oder diese Zeit aktiv nutzen, um zu gestalten? Sich über die fehlenden Grundlagen, die andere nicht geschaffen haben, beklagen – oder einen Anfang finden und genau diese Grundlagenarbeit anpacken? Sich selbst im dichten Nebel der Intransparenz verstecken – oder ankämpfen, diesen zu lichten?

Für Blender – und davon gibt es, wie wir in Kapitel 1 gelernt haben, auf mittlerer Ebene einige – ist das Kämpfen für Veränderung weniger typisch: Zu viel Kraft muss aufgewendet werden, zu viel Grundlagenarbeit betrieben werden, dafür dass die Lorbeeren entsprechend lange auf sich warten lassen und manchmal klein ausfallen. Nur mit der Intention im Rampenlicht zu stehen, kommen Sie also nicht weiter. Warum das so ist, findet sich im folgenden Kapitel.

Doch zuvor schließen wir dieses Kapitel mit dem ersten Learning ab:

Takeaway 1
Underdogs bringen die Intention mit, einen guten Job zu machen.

5.2 Bereitschaft zur Grundlagenarbeit

»Einfach einsteigen und losfahren? Wir müssen erstmal die Straße bauen.«

Die Intention, etwas zu verbessern, weist uns auf offene Flanken hin. Und die können manchmal ganz schön groß sein. Das bringt mittlere Manager in die Bredouille: Um in Unternehmen Veränderungen – selbst im Kleinen – umsetzen zu können, müssen oft große Brocken in Bewegung gebracht werden. An solchen »Brocken« hat sich mancher schon verhoben oder ist gleich davor zurückgeschreckt. Und das Topmanagement sieht die Brocken selten, und beauftragt daher auch nicht, dass sie fortbewegt werden müssen – obgleich das für den Erfolg des Unternehmens essenziell sein könnte.

Verbesserungen aus der Mitte heraus anzustoßen, heißt Veränderungen anzustoßen, für die zuweilen noch intensive Grundlagenarbeit erforderlich ist. Das betrifft häufig die IT-Systemlandschaft, in der Teile fehlen, bzw. veraltet sind oder nicht miteinander korrespondieren. Aber auch eine behäbige Unternehmenskultur oder sehr strikt ausgelegte rechtliche Vorgaben können Ihren Spielraum, einen guten Job zu machen, einschränken.

Beispiele: Damit Sie als Marketingverantwortlicher einen Newsletter rausschicken können, braucht es im Idealfall erst ein CRM-System und ausreichend zentral gespeicherte E-Mail-Adressen Ihrer Kunden. Damit Sie als HR-Verantwortlicher mit Ihrem Team ein Webinar entwickeln können, braucht es erst eine Plattform, auf der es veröffentlicht wird, sowie eine ausgereifte HR-Strategie, die eine Weiterbildungsquote benennt. Damit ein neues Produkt mit entsprechenden 24/7-Begleitservices vermarktet werden kann, muss erst ein Callcenter eingerichtet und eine Betriebsvereinbarung dazu beschlossen werden.

Grundlagen, die es braucht, die aber nie beauftragt wurden
Die drei Beispiele zeigen: Die Maßnahme, an der Sie eigentlich gemessen werden, erfordert Grundlagenarbeit, die bislang keiner beauftragt hat, auch nicht das Topmanagement. Oder anders formuliert: Damit Sie ein kleines, gar nicht mal weit entfernts Ziel erreichen können, muss erstmal die Straße dorthin gebaut werden. Und manchmal auch noch das Auto und die (Strom-)Tankstelle dazu. Inklusive der dazugehörigen Materialbeschaffung. Daher kommen Sie – selbst im Verhältnis der Kürze der Strecke – nur langsam voran. Zumindest mag für Außenstehende das Arbeitsergebnis entsprechend klein wirken. Der mittlere Manager hingegen musste mitunter große Anstrengungen dafür auf sich nehmen.

Beispiel: Große Transformations-Brocken – platziert aus der Mitte heraus

Thomas verantwortet den Online-Vertrieb bei einem Sportartikelhersteller und bearbeitet ein Grundlagen-Thema, das vieler Schnittstellen und Grundsatzentscheidungen bedarf:

»Ich selbst werde gemessen an der Anzahl unserer Verkäufe im Onlineshop. Ein echtes Customer-Relationship-Management-System (CRM) haben wir allerdings noch nicht. Aufgrund der vielen Abhängigkeiten und der dadurch entstehenden Komplexität, hat man sich viele Jahre lang gescheut, das Thema anzugehen. Ein solches System bräuchte ich aber, um das Bestandskundenmarketing zu verbessern. Daher haben wir uns dem Projekt angenommen und Haus und Vorstand die Notwendigkeit sowie die zu gehenden Schritte transparent gemacht. Auch wenn es über unsere eigentliche Kernaufgabe hinausgeht. Um dennoch kurzfristig Ergebnissee vorweisen zu können, arbeiten wir mit konkreten Use-Cases. Die Komplexität und Unwägbarkeiten verunsichern die Entscheider, sodass wir konsequente Überzeugungsarbeit für die Notwendigkeit leisten müssen. Insgesamt hat allein der Beschaffungsvorgang über anderthalb Jahre gedauert. Und doch bin ich davon überzeugt: Es sind genau diese großen Brocken, die wir heute angehen müssen, wenn wir morgen erfolgreich sein wollen. Denn ohne ein solches CRM wissen wir einfach zu wenig über unsere Kunden und lassen wichtige Potenziale im Bestandskundenmarketing links liegen. Und das können wir uns nicht leisten.«

Es kann passieren, dass Sie vor der Aufgabe, für die sie eigentlich geholt wurden, erst einige gordische Knoten zerschlagen müssen. Pionierarbeit also. Beispielsweise die Strategie definieren – mit einem widersprüchlichen Wirrwarr als Input –, bevor sie sich an den visuellen Markenauftritt machen können. Oder die Einführung einer Datenstrategie, bevor Sie die Aufgabe Bestandskundenmarketing angehen können. Oder die Neuausrichtung der HR-Strategie, bevor Sie die Homeoffice-Policy fertigkriegen.

Umso wichtiger ist es, Transparenz zu schaffen, welche Vorarbeiten anfallen und warum diese so notwendig sind. Sonst könnte man Ihnen Versagen angesichts der kleinen Projekte vorwerfen, während Sie gerade an den richtig großen Schmerzpunkten dran sind. Die Räumarbeiten einfach auszublenden, wäre der falsche Weg. Dennoch müssen Sie auch nicht gleich mit dem schwersten Brocken beginnen. Sammeln Sie erst wichtige Erfahrungen und lernen Sie die Brocken allmählich zu bewegen, damit Sie sich nicht verheben – wie es vielleicht schon manch einem Ihrer Vorgänger passiert sein könnte.

Beispiel: Veränderung bedeutet mehr als nur Make-Up

Elisabeth verantwortet das Business Process Management bei einem weltweit tätigem Konzern für Industrieautomation und treibt aus dieser Rolle heraus tiefgreifendere Veränderung – und damit mehr als in ihrer eigentlichen Funktionsbeschreibung steht.

»Herzstück unserer digitalen Transformation sind keine Quick-Wins. Wir stellen stattdessen alles in Frage, was wir bislang gemacht haben – und vor allem wie wir es tun: Die Prozesse. Die Strukturen. Die Jobaufteilung. Die Rollenprofile. Einfach alles. Idealerweise finden wir heraus, dass wir schon gut aufgestellt sind. Wenn nötig, sind wir aber bereit, alles zu verändern, was nötig ist und jeden Stein einmal umzudrehen. Wichtigster Schritt ist die Einführung eines neuen ERP-Warenwirtschaftssystem. Das ist essenziell dafür, dass unser Geschäft funktioniert und geht tief in unsere wichtigsten Geschäftsprozesse hinein. Das heißt: Bei unserem Projekt darf nichts schief gehen. Und das heißt auch: Wir kalkulieren langfristig – mit einem Zeitraum von fünf Jahren. Wir haben vom Unternehmen hier einen durchaus großen Vertrauensvorschuss erhalten. Aber natürlich müssen wir uns auch oft der Frage stellen: Ist unser Projekt denn den ganzen Aufwand wert, wenn wir heute nach anderthalb Jahren noch nicht so viel davon sehen? Hier versuchen wir transparent in die Kommunikation zu gehen und sichtbar zu machen, was alles daran hängt. So haben wir europaweit die Gestaltung aller Sperrbildschirme gekapert, um auf unsere Microsite zu dem Thema aufmerksam zu machen. Nur ein kleiner Baustein auf einem langen Weg, der unser Unternehmen in Europa tiefgreifend verändern soll.«

Die Mitte kann sich keine Fakes erlauben

Je weiter unten Sie in der Nahrungskette stehen, umso mehr müssen Sie mit Substanz und Leistung punkten. Bei der obersten Unternehmensleitung genügt häufig schon der Absender, um Aufmerksamkeit, Glaubwürdigkeit und Vertrauen zu generieren. Große Ziele – ob nun Purpose, Leitstern, Vision oder Ambition genannt – lassen sich von ganz oben einfach proklamieren und dienen dabei auch der eigenen Positionierung. Viel Wirbel hilft viel – so könnte man meinen. Auch wenn sich große Visionen am Ende als Fake entpuppen. So ganz genau kann sich später keiner mehr an die Details erinnern – scheint es zumindest. Ein mittlerer Manager kann ein Vorhaben oder Ziel nicht einfach qua Position in den Raum posaunen. Er muss das zuvor abgestimmt haben. Und dazu benötigt er geprüfte Zahlen – zum Beispiel in Form eines Businesscase. Ein schönes Motto reicht nicht aus. Damit ist die Auslese für Transformationskonzepte aus der Mitte durchaus höher.

Viel Arbeit, wenig Applaus

Die großen Brocken zu bewegen ist undankbar. Vielleicht mag sich das Topmanagement auch deswegen nicht mit dieser Aufgabe aufhalten. Denn bis man sich mit dem Lorbeerkranz schmücken kann, ist die Zeit eines Topentscheiders manchmal schon vorüber. Entsprechend müssen Sie sich selbst für zuständig erklären. Während andere lieber Pflaster verteilen oder mit Makeup aushelfen, kommen Sie allerdings nur langsam voran. Ihr Durchhaltevermögen im Transformationsprozess wird auf eine harte Probe gestellt.

Apropos Transformationsprozess. Wir Autoren verwenden diesen Begriff zwar, aber ungern. Denn ein Prozess hat einen Anfang und ein Ende. Bei der Transformation können wir aber insbesondere von letzterem nicht ausgehen.

Takeaway 2

Underdogs scheuen sich nicht vor schweren Brocken.

5.3 Der richtige Moment

»Der Rückenwind kommt mit dem Druck.«

Auch wenn mittlere Manager Veränderungsbedarf erkennen und Transformation vorantreiben, bedeutet das nicht, dass der Impuls gut ankommt. Gerade angestaubte Unternehmen, denen Veränderung gut tun würde, die aber erfolgreich wirtschaften (oder das zumindest glauben), schmettern selbst kleine Veränderungsinitiativen ab. Anders als ein Unternehmen, das sich bewusst ist, dass sein Geschäftsmodell schon bessere Zeiten gesehen hat. In diesem Fall ist Transformation mehr als ein Nice-to-have.

Um Veränderung anzustoßen, braucht es manchmal nur einen kleinen Funken, einen ersten Flügelschlag, ein einziges Samenkorn. Ganz gleich, wie Sie es auch nennen: Dieser Anfang ist ein zartes Pflänzchen und er braucht bestimmte Bedingungen zum Wachsen. Und oft – wie in Kapitel 5.1 dargelegt wurde – ist dieser Anfang lediglich geprägt von der Intention, etwas besser zu machen. Das klappt auch in der zweiten Reihe recht gut, geschieht dann allerdings meist im Verborgenen. Der Beginn von Veränderung ist dabei fließend und lässt sich nicht zwingend in Diagramme, Zeitplänen oder. Teilprojekte pressen. Ein Auftakt kann schleichend, intuitiv und auf die Rahmenbedingungen angepasst erfolgen.

Seize the moment

Doch insbesondere die Platzierung neuer, entscheidender Themen erfordert eines: Den richtigen Moment zum Auftauchen bzw. zum Surfen der Welle wählen.

Dieser kann viele Gesichter haben. Zum Beispiel personelle Veränderungen in der Unternehmensleitung, schlechte Zahlen ebenso wie gute Ergebnisse in Nischen oder ein neues Produkt: Halten Sie die Augen auf, achten Sie auf die Wellen im Unternehmen. Einige davon könnten sich eignen, um mit Ihren Veränderungsinitiativen darauf zu surfen. Insbesondere negativen Trends können sich eigenen, um gegenläufig darauf zu surfen.

Es braucht also eine wichtige Voraussetzung, damit mittlere Manager mehr sein können als nur Verwalter: Die Zeit muss reif sein. Es gibt Situationen, in denen jede Verbesserungsinitiative schon im Keim erstickt. Dann wird es gefährlich, denn ohne Veränderung bleiben die wenigsten Unternehmen auf Dauer zukunftsfähig. Wem es als Angestellter durch das Verharren im Status quo selbst die Luft abschnürt, sollte überlegen, ob er noch am richtigen Platz ist. Manchmal wird Ihnen diese Entscheidung allerdings abgenommen.

Beispiel: Ohne Notwendigkeit nur Pflaster

Sandra, ehemals Partner bei einer internationalen Beratung für Executive Search, beschreibt, wann es Zeit ist, ein Unternehmen zu verlassen.

»Die vier Geschäftsführer, die das Unternehmen gegründet haben, kamen alle aus sehr namhaften Beratungen. Der Erfolg kam durch ihre Kontakte. Sie selbst waren Alpha-Persönlichkeiten. Während das Team die Notwendigkeit sah, sich auf Veränderungen innerhalb der Branche einzustellen, wurden solche Veränderungsinitiativen konsequent von den vieren abgelehnt. Investitionen in Technik und übergreifende Funktionen wie HR oder Marketing wurden als nicht sinnhaft bewertet. Bei Problemen wurden Pflaster geklebt, eine tiefergehende Beschäftigung mit Herausforderungen jenseits des Tagesgeschäft, wurde abgelehnt. Zum Beispiel: ›Wir sollen etwas für die Mitarbeiter tun? Na dann bekommt eben jetzt jeder zum Geburtstag frei.‹ Oder ›Warum ist Diversity ein Thema? Wir haben doch erst kürzlich ein paar Frauen eingestellt‹. Entsprechend hoch war die Fluktuation. Und wir mittleren Manager dazwischen. Am Monatsende habe ich immer gezittert, ob wieder jemand meiner Mitarbeiter kündigen wird. Bis ich das selbst gemacht habe. Der wirtschaftliche Druck war einfach nicht da, ernsthaft Veränderungen voranzubringen. Damit hängt der Erfolg ausschließlich an den vier Gründern und ihren Kontakten. Wenn sie einmal weg sind, wird auch das Unternehmen keinen Bestand mehr haben.«

Wenn das Topmanagement hingegen selbst verstanden hat, dass es Veränderung braucht, wird es dankbar und offen sein, wenn mittlere Manager aktiv(er) mit anpacken. Manchmal auch deshalb, weil man selbst weder Story noch Lösung hat, die man den verschiedenen Stakeholder erzählen kann. Veränderungen gelingen also dann, wenn sie keine Option, sondern Notwendigkeit sind. Druck hilft uns zu reflektieren: Houston, wir haben ein Problem!

Beispiel: Die Zeit muss reif sein!

Marius, Leiter Produktmanagement bei einem führenden Logistikdienstleister, über seine erste Zeit im Unternehmen:

»Wäre ich nur ein Jahr früher in meine Position gekommen, wäre mein Wirken zum Scheitern verurteilt gewesen – und ich selbst hätte die Probezeit nicht überlebt. Mein damaliger Vorgesetzter hielt an sehr strengen Prinzipien fest: Die Tür zu seinem Büro war stets geschlossen und Sinnbild für eine Kultur der Kontrolle und Verschlossenheit. Es hat sich alles ein wenig angefühlt wie in Stromberg, der TV-Serie. Aber vor allem: statt an den entscheidenden Herausforderungen wurde sich in Nichtigkeiten verloren (z. B. dem Tischplan von internen Veranstaltungen). Das Haus sah die Schwierigkeiten, konnte aber nicht reagieren, da mein Vorgesetzter von einem Vertreter ganz oben protegiert wurde.

Für mich als Außenstehendem haben sich die dringendsten Handlungsfelder schnell abgezeichnet. Verfolgen konnte ich sie nur, weil das Topmanagement sich einig und vor allem selbstbewusst genug war, sich der Macht dieses einzelnen Vertreters nicht länger auszuliefern – und diesen auszuhebeln, was durchaus dem Gefühl einer Palastrevolution gleichkam. Hier trafen also zwei Dinge zusammen: Das Vertrauen in meine Person als Alternative. Aber eben auch der richtige Zeitpunkt, weil das Topmanagement just das Bewusstsein entwickelt hatte, dass ein ›Weiter so‹ geschäftsschädigend und nicht mehr tragbar wäre. Gerade rechtzeitig, bevor mein Vorgesetzter mich vorzeitig wieder aus dem Unternehmen befördern konnte. Natürlich ging damit auch ein gewisser Druck einher. Mir war klar: Nach diesem Vertrauensvorschuss müssen zügig anfassbare Ergebnisse und Veränderungen her.«

Verschwenden Sie niemals eine gute Krise

Druck hilft uns, für unser Umfeld etwas zum Besseren zu wenden. Dazu zählen entsprechend auch handfeste Krisen. Für Menschen, die in Unternehmen, Veränderungsprozesse in Gang bringen wollen, können sie nicht nur etwas Negatives, sondern auch Katalysator sein. Zum Beispiel Anlass oder Ablenkung, um Dinge durchzubringen, die sonst zu mehr Diskussionen führen würden. Externe Schocks beschleunigen insbesondere Vorgänge in Unternehmen, die bislang weniger gut aufgestellt waren. Durch die Krise nennt man die Dinge beim Namen. Es ist allen plötzlich klar: *Jetzt muss was passieren.*

Denken wir doch einmal wie Corona alles durcheinandergewirbelt hat. Von einen Tag auf den anderen war der Großteil Deutschlands im Homeoffice. Ein halbes Jahr zuvor für viele noch unvorstellbar. Das zeigt: In einem krisenhaften Moment sind vorhandene Prozesse, Abstimmungsregeln und Diskussionen für einen Moment außer Kraft gesetzt. Unter Druck bleibt weniger Zeit, jede Einzelmeinung abzuwägen. Zudem ist der Wille zu Konsens ausgeprägter, da klar ist: So eine Krise überstehen wir nur, wenn alle an einem Strang ziehen. Momente der Krise sind also dankbar, um Veränderungen zu platzieren – und durchzuboxen.

Konkret heißt das: Nutzen Sie die nächste Krise, um nicht nur Schadensbegrenzung zu betreiben – sondern als aktives Sprungbrett, Dinge zu verändern, die schon lange verändert gehören.

Beispiel: Von der Krise als Beschleuniger

Marius ergänzt dazu:

»Während 2019 ein sehr erfolgreiches Jahr war, wurde unser Unternehmen durch die Corona-Krise im Jahr 2020 hart getroffen. In der Krise, die zu massiven und existenzbedrohenden Umsatzrückgängen geführt hatte, lag aber gleichzeitig eine Chance. Gerade jetzt war die Fragen wichtiger denn je: Wie können wir relevant sein – und uns neu erfinden? Wir als Unternehmen, aber auch wir als Abteilung. Wir haben eine Vision definiert mit dem Fokus: Why do we exist? Der Prozess lief geschmeidig durch. Krisenzeiten sind prädestiniert, Veränderungen zu bewirken. Ansonsten hätte ich mit deutlich mehr Gegenwind von Kritikern gerecht. Deshalb sehe ich in Krisen auch immer etwas Gutes. Oder anders formuliert: ›Never waste a good crisis‹. So hätten meine Pläne sicherlich für mehr politische Diskussionen gesorgt und ich wäre mit den Teams heute nicht so weit, wie wir es heute sind. Natürlich war der gesamte Prozess, sich unter dem Druck der Krise neu zu erfinden, von hohem Zeitdruck geprägt. Und doch bin ich überzeugt: Es braucht genau diesen Druck und ein Enddatum, wann Veränderungsprozesse (z. B. eine Neuaufstellung) auch abgeschlossen sind. Arbeit dehnt sich aus: Wenn die Zeit da ist, wird diese auch bis zum Ende ausgeschöpft.«

Beispiel: Von der Krise als Beschleuniger 2

Charlotte ist Vorstandsmitglied bei einem regionalen Energieversorger. Sie beschäftigten in den vergangenen Jahren gleich zwei Krisen: Erst Corona, dann die Energiekrise.

»Auch ich muss feststellen: Wäre die Corona-Zeit nicht gewesen, wären wir heute nicht so weit in unserer Arbeitsorganisation. Ohne krisenhafte Treiber ist es unglaublich schwer, in tradierten Strukturen Tempo aufzunehmen. Es braucht konkrete Druckpunkte und Auslöser. Angst und Sorge allein funktionieren für die Mobilisierung in der Organisation jedoch nicht. Wichtig – gerade in Krisenzeiten – sind ein Storytelling und das konkrete Erleben, dass Veränderung auch Freude macht und erreichte Erfolge sich gut anfühlen. Dieses Prinzip wollen wir auch für die aktuelle Energiekrise nutzbar machen. So geht es nicht nur darum, dass wir auf fachlicher Ebene unsere Prozesse resilienter aufsetzen, sondern wir leiten für unsere Belegschaft sogar einen konkreten Purpose ab: Wir arbeiten für eine nachhaltige Zukunft. Gemeinsam machen wir unsere Stadt smarter und klimaneutral. Wer bei uns arbeitet, trägt also zu einem übergeordneten Ziel bei und hilft dabei, aktuelle Herausforderungen zu lösen. Sinnhafter geht Arbeit kaum.

Vor der Corona-Zeit haben wir uns intern vielfach stets nur auf den kleinsten gemeinsamen Nenner geeinigt; das war dann die Lösung für das gesamte Unternehmen. Und dieser Nenner kann – wenn Sie zum Beispiel sehr unterschiedlich arbeitende Kolleginnen und Kollegen haben – sehr klein sein. Das bremst Transformationsprozesse, weil es einer wachsenden Komplexität nicht gerecht wird. In Krisenzeiten selbst ist das anders. Der Druck im Krisenmanagement führt zu pragmatischen Ermessensentscheidungen und einer klaren Priorisierung. Diesen trainierten Arbeitsmodus gilt es, in das Neue Normal zu übertragen. Es muss die beste Lösung erarbeitet werden oder mehrere geben können.

Bewährt hat sich in der Krise vielfach das Modell der Taskforce. Doch seien wir mal ehrlich. Eigentlich ist das, was in einer Taskforce passiert, effizient gesteuertes Teamwork. Ein Team aus Spezialisten kommt interdisziplinär zusammen, bewertet die Situation und leitet eigenständig und unter der Leitung einer Person eine Lösung für ein Problem ab, die dann kurzfristig umgesetzt wird. Für den Moment zeigt das Modell, wie eine Krise und ein klarer Auftrag helfen können, in einer großen Organisation effektiver und effizienter zusammenzuarbeiten. Das gilt es, beizubehalten.«

Warum sind Krisen so wirksam?

Statt auf den kleinsten gemeinsamen Nenner verständigt man sich unter Druck auf gemeinsame Ziele, die weiter greifen und vorher undenkbar waren. Die Krise schweißt zusammen. Persönliche Befindlichkeiten treten in den Hintergrund. Stattdessen schießt man sich auf einen gemeinsamen Feind und ein klares Ziel ein: Nämlich heil durch die Krise zu kommen. Antworten auf Fragen, die Krisen aufwerfen, können zudem zu einem tieferen Sinn beitragen, den das Arbeiten bei einem Unternehmen in sich trägt. Denn wenn das Wirtschaften des Unternehmens eine Antwort auf den Umgang mit einer Krise liefert, die unsere Gesellschaft beschäftigt, entsteht in der Belegschaft ein zuvor kaum vorstellbares Verständnis für den eigenen Mehrwert. So kann aus einer krisenhaften Situation wie von selbst ein Purpose – also der tiefere Sinn des eigenen Wirtschaftens – entstehen. Und das fast wie von selbst. Ein Prozess, der ohne Anlass und krisenhafte Anlässe lang und zäh sein kann.

Auch das kleine Momentum nutzen – und Erfahrungen sammeln

Es muss aber nicht immer die große Krise sein. Nutzen Sie auch bzw. vor allem die kleinen Wellen. Schon diese verschaffen Rückenwind, Veränderungen durchzuboxen. Wenn der Sense of Urgency noch nicht so groß ist, können Sie testen. Wer sich allerdings erst bei einem Tsunami ins Wasser traut, wird von der Kraft der Welle sicher umgehauen. Es muss also vieles zusammenkommen. Zum einen braucht es ein Momentum. Zum anderen müssen Sie selbst scharfsinnig genug sein, eine Möglichkeit als solche zu erkennen. Nicht immer wird diese auf dem Silbertablett serviert.

Takeaway 3

Underdogs surfen die Welle, wenn sie kommt.

5.4 Das Prinzip Schattenorganisation

»Wo Schatten ist, da ist auch Licht.«

Wie kann ich in einem dysfunktionalen Umfeld erfolgreich als mittlerer Manager agieren? In manchen Unternehmen entstehen aufgrund dieser Frage ganze Schattenorganisationen. Sie sind die Folge eines Missverhältnisses zwischen autoritärer Struktur und dem Drang nach Eigenverantwortung der Mitarbeiter. Die Struktur auf dem Papier und die gelebte Praxis sind nicht deckungsgleich. Ein Umstand, der zu der in Kapitel 2 beschriebenen Situation passt: Ein hierarchisches Modell trifft auf agile und Eigenverantwortung voraussetzende Methoden. In der Konsequenz werden Mitarbeiter, die gestalten wollen, als Rebellen wahrgenommen – oder schlicht ignoriert und damit gezwungen, sich Pfade abseits der hierarchischen Wege zu suchen.

Typische für diese Situation sind Abstimmungen, die im Vorfeld in einem anderen Kreis als dem eigentlichen Entscheiderkreis getroffen werden. Das Gremium, das eigentlich bestimmt sollte, ist nur noch Formsache. Genau wie der Fakt, dass manche Entscheidungen gar nicht in Vorstandsgremien eingebracht werden, obwohl sie dort durchaus hingehören würden.

Zwischen dem Drang zu verbessern …
Ähnlich wie Wasser, dass sich seinen Weg sucht, entstehen auch in Unternehmen Pfade des Informations- und Tatenflusses jenseits der offiziellen Wege – insbesondere, wenn das Topmanagement als blockierend wahrgenommen wird. Das bietet Chancen, wenn hinderliche Prozesse und Verzögerung umgangen werden müssen und das Transformationstempo erhöht werden soll. Manchmal sind solche Schattenorganisationen gar die einzige Möglichkeit etwas vorwärtszubringen. Zum Beispiel wenn die gesamte Belegschaft sich verbündet und die Zugehörigkeit zum knallharten und eingefahrenen Patriarchen an der Spitze vorgibt, während hinter den Kulissen bereichsübergreifend an Veränderungen gearbeitet wird, die dieser nicht unterstützt, die es aber dringend braucht. In manchen Unternehmen ist so Ende der 1990er-Jahre der erste Internetauftritt entstanden!

Viele mittlere Manager fühlen sich in einer solchen Rolle unwohl und erleben einen Loyalitätskonflikt, in den sie aufgrund der mangelhaften Rahmenbedingungen gedrängt werden. Zu groß ist der Widerspruch zwischen erlebtem Vakuum und der Überzeugung, dass sich im Kleinen durchaus Verbesserungen entwickeln lassen. In einigen Gespräche, die wir mit Interviewpartnern für dieses Buch geführt haben, war herauszuhören, dass sich die mittleren Manager von oben zum Teil allein gelassen fühlen. Es werden keine strategischen Vorgaben gemacht, wie das vom Topmanagement zu erwarten wäre, kein: *»Damit wir für die Zukunft gut aufgestellt sind, sehe ich als Unternehmenslenker die Notwendigkeit, dass wir uns in Richtung … entwickeln.«* Also beginnt man selbst, sich mit diesen Fragestellungen auseinanderzusetzen. Strategische Vorstöße für die Weiterentwicklung des Unternehmens kann eine fähige Mitte also selbst hervorbringen – und das unerkannt von der eigenen Führung. Nicht immer ist das gleich eine ganze Schattenorganisation.

… und konkreten Risiken
Gleichzeitig bürgen Strategien, die sich dem Prinzip »Schattenorganisation« bedienen auch massive Risiken. Wer eigentlich definierte Workflows oder Entscheidungsprozesse vorsätzlich umgeht, riskiert geahndet zu werden. Deshalb sei an dieser Stelle betont: Compliance steht auch in herausfordernden Zeiten des Wandels über allen anderen Dingen und darf nicht gefährdet werden. Selbst wenn im Rahmen der Möglichkeiten alles mit stets rechten Mitteln und wohldosiert abläuft, verliert eine Schattenorganisation ihre Vorteile, je größer sie wird. Es wird viel Aufwand getrieben, eine scheinbare Alibi-Welt aufrecht zu erhalten, während im Hintergrund die Prioritäten eigentlich ganz anders gewichtet werden. Die notwendige Sichtbarkeit bleibt für entscheidende Projekte aus, es können auf offizieller Ebene keine Learnings festgestellt werden. Unklare Strukturen tragen zu Unsicherheit bei, Entscheidungen werden zum Spielball des Zufalls. VUCA und BANI sorgen für den Rest – und das Unternehmen endet im Chaos.

Bewusstes Spiel mit Licht und Schatten

Und doch ist die Bereitschaft, im Rahmen des Erlaubten mit den Möglichkeiten zu spielen, durchaus eine nennenswerte Voraussetzung, wenn Sie im mittleren Management etwas vorwärtsbringen möchten. Was damit gemeint ist? Wenn wir Veränderungsprojekte mit einer Theaterbühne vergleichen, ergibt sich folgendes Bild: Die mittlere Manager übernehmen gleich vier Aufgaben: Sie sind Regisseur einzelner Projekte, gleichzeitig selbst Akteur, manchmal Souffleuse – aber vor allem sollten Sie sich einer Aufgabe bewusst sein: Sie sind fürs Licht zuständig. Das bedeutet: Es geht darum, nicht die ganze Bühne auszuleuchten, sondern nach und nach die für den aktuellen Schauplatz notwenigen Ecken. So überfordern Sie Ihr Topmanagement und Ihre Mitarbeiter nicht, die vom passiven Zuschauer im Lauf des Stücks noch zu aktiven Teilnehmern werden sollten. Licht und Dunkelheit im richtigen Verhältnis also.

Umgang mit dem Scheitern

Wenn die Vorarbeiten andere Bereiche leisten müssen, Sie aber einfach keine Unterstützung von dort bekommen, suchen Sie sich Wege abseits. Von externer Unterstützung bis zur Aktivierung anderer Mitstreiter sind je nach Kontext unterschiedliche Strategien angeraten. Und wenn Sie mit Ihren Projekten scheitern, muss das nicht zwingend an Ihnen gelegen haben. Vielleicht waren Sie auch zur falschen Zeit am falschen Ort. Dann versuchen Sie es noch einmal. Bleiben Sie selbstkritisch – insbesondere, wenn das Phänomen des Scheiterns öfter auftritt. Ein, zwei gute Beispiele, die Sie als Gastreferent bei einer Fuck-up-Night anbringen können, sollten aber genügen, um Sie interessant für neue Aufgaben werden zu lassen.

Zusammengefasst heißt das: Für Sie im mittleren Management bedeutet Veränderung vor allem der Umgang mit widersprüchlichen Strategien: Wie können Druck und Krisen zum Weiterkommen genutzt werden? Wann konzentriere ich mich auf die Quick-Wins? Und wie kann ich im Hintergrund vielleicht doch an wichtigen Grundlagen arbeiten, die ich dann zum richtigen Zeitpunkt auftauchen lasse? Die dazugehörigen Überzeugungs- und Gewinnungsstrategien in Richtung Ihrer Vorgesetzen beschreiben wir im folgenden Kapitel.

Takeaway 4
Underdogs stellen das Ziel über den Weg.

6 Überzeugungs- und Gewinnungsstrategien

»Wie Veränderungen ›snackable‹ und bekömmlich werden.«

Die in Kapitel 5 beschriebene Ausgangssituation bedeutet für Sie im mittleren Management eine gewichtige Zusatzaufgabe. Das Management Ihres Managements. Es darf nicht das Gefühl haben, dass Sie seinen Job erledigen möchten. Aber darum geht es mittleren Managern auch gar nicht. Sie wollen – und müssen – Impulsgeber sein. Und Sie lassen der obersten Unternehmensleitung primär ihre Erfahrungen und Inspiration aus der Praxis zu Teil werden. Doch auch dafür braucht es Strategien und Taktiken.

Es geht darum, dass Sie große Ideen auch mal kleiner machen als sie sind. Es geht darum, Mut zu versprühen, wenn er anderen fehlt. Es geht darum Brücken zu bauen, weil sich niemand ins Wasser traut. Es geht darum Komplexität zu reduzieren, auch wenn dadurch wichtige Details unkenntlich werden. Es geht darum, kritische Fragen zu stellen, wenn andere in Aktionismus verfallen. Es geht darum, das Spotlight und die Lorbeeren für ein erfolgreiches Projekt, denen zu gönnen, die Sie unter Anstrengungen erst überzeugen mussten, selbiges Unterfangen überhaupt anzugehen. Und es geht darum, den Verbesserungsbedarf, den Sie sehen, in der richtigen Tonalität zu artikulieren – statt für sich zu behalten.

Und so finden Sie auf den folgenden Seiten konkrete Tipps und Tricks, wie Sie insbesondere gegenüber ihrem Vorgesetzen auch schwerwiegende Sachverhalte leichter verdaulich darstellen können und gleichzeitig Schritt für Schritt aus dem Schatten treten. Wer andere von wichtigen Schritten überzeugen, zu Entscheidungen führen oder zum Handeln bewegen will, braucht die richtige Balance aus Fingerspitzengefühl und Nachdruck – und die richtige Kombination aus machen, austesten und *»umsichtig einmassieren«*.

Sollten Sie und Ihre Position nicht im mittleren Management angesiedelt sein, sondern im C-Level: Die beschriebenen Strategien sind in erster Linie Ihnen gewidmet. Seien Sie also nicht verschnupft über die ein oder andere flapsige Bemerkung, sondern verstehen Sie dieses Kapitel als Wertschätzung Ihrer Person. Es wird viel getan, um Ihre Unterstützung zu gewinnen. Wie Sie es in Zukunft Ihren Führungskräften leichter machen, transformationsrelevante Projekte auf- und umzusetzen, lesen Sie in Kapitel 10, 11 und 12. Und doch: Die nächsten Seiten überspringen gilt nicht!

6.1 Einfach starten

»Den ersten Stein ins Wasser werfen«

Rantasten und austesten! Es ist nicht verwunderlich, dass Ihre Arbeit im mittleren Management im Zusammenhang mit Transformation genau mit diesem Credo beginnt. Wie weit können Sie gehen? Insbesondere wenn Sie an Ihre Vorgesetze in Ihrem Tätigkeitsbereich denken. Das finden Sie nur heraus, wenn Sie es ausprobieren. Los geht's!

Einfach mal den ersten Stein ins Wasser werfen – und sehen was passiert. Das ist oft die bessere Strategie als lange im stillen Kämmerlein am perfekten Masterplan zu arbeiten, um irgendwann dieses Big Picture dem Topmanagement vorzustellen – und das aus Angst vor Kosten oder Machbarkeit in eine Schockstarre verfällt und deshalb alles andere tut, als Ihrem Plan zuzustimmen. Im Ergebnis wäre das vergebene Liebesmühe statt unkomplizierter Freigabe. Doch wie stattdessen anfangen?

Die Einladung zur ersten Etappe

Ein großes Problem macht man deutlich handhabbarer, indem man es in einzelne Pakete oder Etappen schneidet. Für die Top-Entscheider. Aber ebenso für Sie selbst. Auch wenn im Lehrbuch steht oder Sie an der Uni gelernt haben, dass es den besagten Masterplan braucht. Aber Sie müssen ihn ja nicht bei jeder Gelegenheit an die Wand oder auf den großen Bildschirm werfen. Fangen Sie damit an, es handhabbarerer klingen zu lassen: *»Wir gehen mal an die Unternehmenskultur ran«* oder *»Wir beginnen mal mit einem Piloten einer neuen Produktkategorie«*. Das wirkt einladend und versprüht Leichtigkeit, auch wenn dahinter am Ende Millionenprojekte oder hunderte bis tausende Arbeitsstunden stehen.

Was ist für Sie aktuell die größte Herausforderung und das damit verbundene Ziel? Und was müsste als erstes passieren, damit das Unternehmen diesem Ziel ein Stück näherkommt? Was davon liegt in Ihrem oder zumindest in der Nähe Ihres eigenen Einflussbereichs? Es ist in erster Linie natürlicher Menschenverstand, der in unsicheren Zeiten unser wichtigster Begleiter ist, den wir aber zu selten konsultieren. Dabei lässt genau er uns Antworten auf diese Fragen finden. Nehmen Sie sich das Ergebnis dieser Fragen als erste Etappe vor, verkaufen Sie diese als *»Pilot«*, *»Quick-win«* oder *»Testballon«* und stürzen Sie sich auf Dinge, die Sie selbst initiieren und verantworten können. So bleiben Sie nah an Ihrem Tätigkeitsbereich und können den Erfolg selbst beeinflussen. Das Gesamtziel bleibt im Hinterkopf, die Route wird nach und nach und auf Basis weiterer Erkenntnisse unterwegs definiert und immer wieder feinjustiert.

Der konkrete erste Stein

Und was kann eigentlich ein erster Stein sein? Wie wird Veränderung für oben, für die Mitte und unten überhaupt fühl- und feststellbar? Eine außergewöhnliche Kampagne, ein Pilotprojekt an einem Standort oder in einem Land, in dem etwas verprobt wird, ein Produkt, das losgelöst von behäbigen aktuellen IT-System verwaltet wird, oder manchmal auch einfach nur der Mut, anders aufzutreten, als man es von der aktuellen Unternehmenskultur gewohnt ist. Das können Kleider, Rituale oder Kommunikationswege sein. Genau wie eine neue Art und Weise der Zusammenarbeit, eine neue Mobile-Working-Policy oder die Einführung von Kollaborationstools. All das und viele andere Dinge können schon der erste Stein sein, den Sie zum Austesten in den See werfen.

Beispiel: Der erste Stein

Stefanie, Marketing-Leitung bei einem Telekommunikationsanbieter, berichtet in diesem Zusammenhang von ihrem persönlichen ersten Stein.

»Beim ersten Stein denke ich zum Beispiel an meine erste Kampagne, die ich für das Finanzhaus aufgesetzt habe. Die damalige Webseite war grottig, es mussten aber zügig Ergebnisse her. Ein kompletter Relaunch hätte zu lang dauert. Also haben wir uns Optionen abseits vorhandener Strukturen gesucht. Das Ergebnis: Innerhalb von zwei Monaten wurde eine zielgruppenspezifische Webseite losgelöst von bestehenden Systemen aufgebaut, diese über ungewöhnliche und aufmerksamkeitsstarke Werbemittel gepusht und einfach mal getestet, welche Kosten pro Interessenten wir erreichen können. Ein echtes Novum in dieser Form – mit entsprechendem Echo im Haus. Wichtige Vertreter des Hauses haben wir als Multiplikatoren aktiviert, schließlich mussten einige wichtige Detailfragen geklärt werden. Der erfolgreiche Pilot sicherte uns als Marketingabteilung das Vertrauen, die Onlineaktivitäten weiter in unserem Bereich zu bündeln und entstandene Satelliten in anderen Abteilungen, die sich mit dem Thema auseinandergesetzt haben, unter eine zentrale Leitung zu bringen.

Ein erster Stein kann viele Gesichter haben. Eine Mitarbeiterzeitschrift, ein Website-Relaunch, die Vereinfachung eines lästigen Prozesses, der Aufbau einer Selfservice-Plattform, eine neue Software, eine ungewöhnliche Neuerung. Je mehr, desto besser. Und so kommt ein Stein zum anderen.«

Was kann konkret passieren, sobald Sie einen Startpunkt gefunden und den ersten Stein ins Wasser geworfen haben? Idealerweise zieht Ihr Stein klare Kreise und durchdringt einmal den ganzen See – und damit Ihre Zielgruppen, die Sie erreichen wollen. Das kann ein Team sein, ein Bereich und manchmal das ganze Unternehmen sein. War der Stein zu groß, schwappt Wasser unsanft herüber und die Wellen können gefährlich werden – soll heißen: Sie sind jemanden auf die Füße getreten oder haben ein zu schweres Thema gewählt. Doch immerhin nimmt man Notiz von Ihnen: Wenn Ihr Stein sang- und klanglos auf den Grund des Sees sinkt und niemand von Ihren Initiativen Notiz nimmt, ist das ebenso hinderlich. Transformations-Ergebnisse brauchen Wahrnehmung, um wirken zu können. Sonst bleiben Sie ein sehr einsamer Hidden Champion – und agieren allein im Verborgenen.

Welcher Stein am Ende zu welcher Reaktion führt, ist nicht zwingend logisch oder vorhersehbar. Große Brocken können überraschend leicht von der Hand gehen, während kleine Kieselsteine große Wellen auslösen können.

Beispiel: Das Gewicht sieht man dem Stein nicht zwingend an

Stefanie führt dazu weiter aus:

»Für mich eines der schwergewichtigsten Projekte ist unsere jährliche Werbekampagne mit einem Millionenbudget und Schwerpunkt auf Online, Kino, Event- und Bewegtbild. Die Reaktionen dazu – zum Beispiel in Form von Nachfragen hinsichtlich Ergebniswirkung oder Einmischung, was die Kreation angeht – sind aber deutlich überschaubarer als auf deutlich kleineren ziel- oder produktspezifischen Kampagnen. Das ist irrational, hängt aber mit den verschiedenen Stakeholdern zusammen, die wiederum unterschiedliche Stakeholder ins Zentrum ihres Denkens rücken. Soll heißen: Welche Wellen ein Projekt schlagen kann, schätzt man im Moment des Ins-Wasser-Lassens zum Teil ganz anders ein – vor allem, wenn man neu in einem Unternehmen ist. Hier hilft es nur, wachsam zu sein, welche Strömungen welche Wellen verstärken können – und im Zweifel nachzujustieren – und die Freiräume, die einem gegeben werden, auch zu nutzen.«

Klar ist: Sie können nicht von Anfang an alles vorhersehen. Mit der Zeit haben Gesprächspartner, die wir für unsere Interviews befragt haben, tatsächlich davon berichtet, ein Gefühl für Stimmungen und Themen zu entwickeln, das es geradezu mit hellseherischen Fähigkeiten aufzunehmen weiß: *»Ich ahne schon, dass es bei dem Thema zu Schwierigkeiten kommen wird«*. Das entsteht in erster Linie aus der Erfahrung im Umgang mit wiederkehrenden Akteuren. Denken Sie in jedem Fall nicht nur an ihren Vorgesetzen, Ihre Teams, sondern auch an Führungskräfte anderer Einheiten, an HR und Betriebsrat sowie an Fachabteilungen, die ggf. zumindest informativ eingebunden werden sollten. Aktives Managen der Kreise, die Ihr Stein im Teich auslöst, könnte man auch dazu sagen.

Wer einmal unterwegs ist, kehrt nur im Ausnahmefall um

Sobald Sie die erste Etappe erfolgreich gemeistert haben, die ersten Steine im Wasser sind und damit die Brücke zu folgenden Meilensteinen gebaut ist, sind Sie schon am »Point of no Return«. Sie haben für Etappe Eins – auch wenn es abgedroschen klingen mag – viel Herzblut, Schweiß oder Tränen gegeben. Daher fühlen Sie sich mit dem Thema verbunden, sodass es schwerfallen wird, Ihr Baby wieder aufzugeben. Unterschätzen Sie diese emotionale Bindung nicht. Sie mag Sie länger an Ihren Arbeitgeber binden als Ihnen vielleicht lieb ist.

Lernen aus der Geschichte des Dynamits

Gleichzeitig gilt der »Point of no Return« auch fürs Topmanagement. Piloten, Design, Aktionen, Versprechungen und Erfolge, die einmal in der Welt sind, lassen sich nicht mehr so rasch rückgängig machen und erfordern Konsequenz in den nächsten Schritten. Ein wichtiger Vertriebspartner will mehr davon sehen, eine weitere Abteilungen will auf den Zug aufspringen, oder Sie erhalten Feedback von extern, wie gut das Projekt angenommen wird und zudem das Topmanagement in ein gutes Licht rückt. Es verhält sich mit Projekten auf dem Weg zur Veränderung also ähnlich wie mit der Erfindung des Dynamits: Was einmal in der Welt ist, kann nicht mehr zurückgenommen werden. Im Gegenteil: Es wird den Druck auf das Topmanagement (aber auch für Sie selbst) erhöhen, die Sache nun wirklich anzugehen und durchzuziehen. Ein Fakt, den Sie sich für die Durchsetzung Ihrer Transformationsziele aktiv zu Nutze machen können.

Und auch die Mitarbeiter begreifen Veränderungen besser, wenn sie konkret, anschaulich oder anfassbar werden. Ein neues Erscheinungsbild, eine neue Weiterbildung für alle im Haus, ein attraktives Giveaway, ein unerwartetes Sponsoring, eine überraschende Produktentscheidung, ein Joint Venture, ein neues Intranet, ein neues Austauaschformat, ein Blog – es gibt viele Belege, die unmittelbar zeigen: *Bei uns tut sich was.*

Takeaway 5

Underdogs finden einen Anfang – und testen aus, was funktioniert.

6.2 Die Politik der kleinen Schritte

»Informieren – nicht verschrecken«

Spätestens wenn Sie die erste Etappe genommen haben, die ersten Steine im Wasser gelandet sind und Sie die ersten Veränderungen ins Rollen gebracht haben, kann der Wirkungskreis Ihrer Projekte größer und größer werden. Der Respekt vor der Größe von Transformation ist aber einer ihrer größten Feinde. Es gibt Zeiten und Momente, da halten Sie Projekte besser klein, auch wenn sie Großes bewirken können. Zumindest wenn Vorgesetze sich von der Unsicherheit der VUCA-Welt verschrecken lassen. Manche Initiativen werden genau aus diesem Grund – also der Angst vor Entscheidung – gestoppt, bevor sie überhaupt auf die Straße gebracht werden konnten. Deshalb gilt: Transformation braucht die richtige Dosis. Und mit einer bewussten Information und Kommunikation lässt sich diese Dosis sehr genau bestimmen.

Das wahrscheinlich wichtigste Kapitel in unsichereren Zeiten, wie wir sie gerade erleben – dreht sich um das Unmögliche: Sicherheit. Oder anders gesagt: Geben Sie den Beteiligten das Gefühl: *»Wir haben das im Griff«*. Das Projekt passt zu unseren Fähigkeiten und wir kriegen es gestemmt. Auch wenn es vielleicht eine Nummer zu groß ist. Warum das so wichtig ist? Zunächst einmal: In manche Dinge wächst man hinein. Das gilt fürs Elternwerden in gleichem Maße wie für die Transformation eines Unternehmens. Das mag vielleicht auch der Grund sein, warum Sie für Ihre Projekte durchaus elterliche Gefühle entwickeln können. Natürlich gilt es stets das richtige Maß zwischen Ambition und Träumerei zu finden. Aber eine Nummer größer darf es schon sein. Wenn sich Veränderung nach Wochenendausfug anfühlt, haben Sie jedenfalls noch nicht genug Wandel auf dem Zettel. Schließlich geht es beim Transformationsvorhaben darum, ein Level besser, schneller, höher oder kundenfreundlicher zu werden. Aber Sie dürfen eben auch nicht überstrapazieren, verschrecken oder sich selbst verheben.

Macher statt Faker

Ein angestrebtes höheres Erfolgslevel für eine Abteilung oder das ganze Unternehmen, das Sie proklamieren, muss auch erreicht werden. Sonst werden Sie zum Dampfplauderer, der viel redet, aber wenig auf die Straße bringt. Und offen gesprochen – Dampfplauderer nerven und enttäuschen gehörig. Deshalb ist dieses Kapitel kein Appel der falschen Versprechungen, sondern ein Appel für die richtige Informations- und Abstimmungsdosis. Abgestimmt auf alle, die Sie erreichen wollen oder auch müssen. Die Melonentaktik – ein Projekt nach oben hin mit einer grünen Ampel zu versehen, obwohl hinter den Kulissen alles auf Rot steht – ist tabu. Gesucht ist stattdessen eine optimistische und doch ambitionierte Grundhaltung, die einen beherrschbaren Spirit der Veränderung versprüht. Ihr Vorstand soll sich nicht grämen, wenn er mit Ihnen spricht, sondern eine Idee gewinnen, wie Sie die Dinge angehen, ohne alle Details kennen zu müssen. Lust machen auf neue Vorhaben, anstelle zu verschrecken – so lautet das Credo.

Tragweite aufzeigen vs. Tragweite klein halten

Wie überträgt man diesen Ratschlag konkret in die Praxis? Holen Sie sich Ratschläge, informieren Sie andere über erreichte Meilensteine und schaffen Sie Informationsangebote. Betroffene zu Beteiligten machen – sagt man auch dazu. Entscheiden Sie aber auch ganz bewusst, welche Themen sie eben nicht zur Entscheidung vorbringen und sie stattdessen in Eigenregie verantworten können.

Aber vor allem, bewerten Sie: Braucht mein Projekt Rampenlicht – oder lassen wir es erstmal klein erscheinen, um nicht Unruhe, Verwirrung und einen vorzeitigen Stopp auszulösen? Das gilt es 100% situativ abzuwägen. Nicht immer ist dem Topmanagement bewusst, wenn es eine Entscheidung trifft, wie viel an dieser Entscheidung hängen mag. Das ist in vielen Fällen ein Problem, da Zusammenhänge wieder und wieder aufgezeigt werden und komplexe Verflechtungen wiederholt erklärt werden müssen:

»Wenn wir hier ziehen, spüren wir das dort. Warum hat daran noch keiner gedacht?« Und doch liegt auch eine Chance darin, wenn Ihre Anspruchsgruppen die Tragweite eines Themas nicht bis ins letzte Detail verstehen. Denn je größer das Bewusstsein für die Tragweite einer Entscheidung, umso mehr Angst und Unsicherheit gehen damit einher. Und genau unter diesen Voraussetzungen lassen sich, wie in Teil 1 ausgeführt, nur schwer (gute) Entscheidungen treffen.

Deshalb ist es legitim, wenn Sie – situativ – zu Maßnahmen greifen, die Ihren Entscheidern Angst und Sorgen nehmen und Entscheidungen kleiner aussehen lassen als sie es sind. Das heißt nicht, dass Sie schlechte Zahlen frisieren oder zurückhalten sollten. Im Gegenteil: Diese müssen schonungslos auf den Tisch. Wir sprechen hier nur über die Art und Weise, wie Sie über zukunftsgerichtete Projekte kommunizieren, die, obwohl sie die Transformation von Unternehmen voranbringen können eben auch bedrohlich wirken können.

Beispiel: Trojanisches Pferd platzieren

Marius, Leiter Produktmanagement bei einem Logistikdienstleister berichtet von seiner vorherigen Station als Marketingverantwortlicher:

»Im Zuge der Neupositionierung unserer Marke haben wir gemeinsam mit dem Vorstand in einem Prozess einen neuen Purpose fürs Unternehmen abgeleitet. Dass eine solche Defintion mehr ist als ein Marketingspruch, den man in eine Imagebroschüre schreibt, sondern dass sie die Leitplanke für die strategischen Entscheidungen ist, haben viele der Entscheider damals noch gar nicht verstanden. Obgleich wir darauf hingewiesen haben. Damit war die Marke das Vehikel, eine kundenzentrierte Ausrichtung ins Unternehmen zu tragen, da der Kunde und seine Bedürfnisse im Purpose glasklar im Zentrum stehen. Unser trojanisches Pferd also. Der Purpose hat sich dann schnell im Unternehmen verankert und wurde als Schablone verwendet, wenn es darum ging die Passung von Maßnahmen zur Strategie zu bewerten. Zahlt es auf diesen Purpose ein? Wenn sich der gesamte Vorstand bei der Formulierung dieser Tragweite bewusst gewesen wäre, würden wir vermutlich heute noch darüber diskutieren. Insofern ist es einerseits gut, wenn die Tragweite von Prozessen nicht bis in die Tiefe verstanden wird. Aber es gibt auch einen Haken: Der Purpose wird im Kleinen also durchaus immer mal wieder in Frage gestellt.«

Das Beispiel zeigt: Im täglichen Business werden Tag für Tag Entscheidungen mit großer Tragweite getroffen. Nicht immer ist den handelnden Personen diese Tragweite bewusst. Nutzen Sie dies zum Vorteil und betreiben Sie eine aktive und vor allem adaptive Kommunikationspolitik. Wenn ein Projekt zunächst unter dem Radar fliegt, kann das durchaus gut sein und gibt Ihnen Zeit, wichtige Grundlagen oder Vorarbeiten in Ruhe zu stemmen.

Wichtig ist, Projekte nicht komplett zu verschweigen. Sonst riskieren Sie am Ende eine von außen eingeleitete Vollbremsung, weil sich Entscheider nicht abgeholt fühlen.

Doch das Licht, in welches Sie sich rücken und den Schwerpunkt worüber wann sie mit wem kommunizieren, muss fester Bestandteil ihrer Überlegungen sein.

Takeaway 5

Underdogs managen die Kommunikationsdosis ihrer Veränderungsinitiativen.

6.3 Fingerspitzengefühl und Beharrlichkeit im Wechsel

»Zwischen Zuckerbrot und Peitsche«

Neben der bewusst gesteuerten Dosierung der Kommunikation, braucht eine erfolgreiche Transformationsarbeit auch die passende Tonalität. Denn selbst, wenn es Ihnen gelingt, Ihre Entscheider mitzureißen, prasseln auf sie schon im nächsten Moment viele andere Themen ein. Und eine Entscheidung, die heute getroffen wurde, kann morgen schon vergessen sein. Zuckerbrot und Peitsche – bzw. Fingerspitzengefühl und Beharrlichkeit – bringen Sie weiter. Je nach Situation ist mindestens eines der beiden angebracht.

Der Deal für den Vorstand, wenn mittlere Manager eine aktivere Rolle bei der Ausgestaltung der Transformationsarbeit übernehmen, ist perfekt – denn für ihn ist er nahezu risikolos. Sind die ersten Maßnahmen erfolgreich, kann er sich damit schmücken. Ist das Gegenteil der Fall und Sie scheitern, dann kann sich Ihr Vorstand von Ihnen und Ihren »absurden« Transformationsideen immer noch distanzieren und Sie zum Bauernopfer machen. Als Gegenleistung für diesen Deal erhalten Sie ein spannendes Spielfeld – und die Gewissheit, über sich selbst hinauswachsen zu können. Damit sich ihr Vorgesetzter drauf einlässt, müssen Sie sein Vertrauen erkämpfen. Und das mit Fingerspitzengefühl.

Raum und Bewegungsradius geben

Um ein Thema zu platzieren, gibt es verschiedene Möglichkeiten. Bevor Sie eine große Sache anpacken, holen Sie sich zuvor das Commitment von oben. Das muss nicht mit der Brechstange passieren, sondern kann ganz geschmeidig ablaufen. Geben Sie dem anderen Raum zur Entscheidung (oder zumindest das Gefühl, dass selbiger da ist), bevor Sie selbst Fakten schaffen. Das Topmanagement steht selbst schon unter großem Druck. Da sollten Sie nur in den Momenten für weiteren Druck sorgen, wenn sie ohne nicht mehr weiter kommen. Je mehr Commitment Sie im Vorfeld sich attestieren lassen, umso weniger wird Ihr Vorhaben im Lauf des Projekts in Frage gestellt. Und desto weniger wird das Management in Drucksituationen sie zwingen, eine Vollbremsung einzuleiten. Denn wenn der Vorstand Ihr Vorhaben nicht unterstützt, besteht immer die Gefahr, dass er Ihnen Ressourcen, Budget oder Verantwortungsbereiche streicht.

Ein Damoklesschwert. Dem können Sie entgegenwirken, indem Sie stetig den Mehrwert Ihres Vorhabens erläutern. Geben Sie Ihrem Vorstand das Gefühl, dass er im Driverseat sitzt und jederzeit entscheiden kann. Das schafft Sicherheit.

Beispiel: Teaser und Angebote setzen

Alexandra, Head of Human Resources bei einem weltweit tätigen IT-Dienstleister und beschreibt ihre Strategie wie folgt:

»Wenn ich beim Management ein Thema platzieren will, gehe ich meist ganz locker rein. Ich sage Teaser dazu. So wie man einem Nachbarn sagt: ›Mensch, hast du schon gesehen, da kommt Regen?‹. Einfach informieren, ohne eine Antwort zu erwarten. Und ohne den anderen in die Ecke zu treiben. Das lässt dem anderen Bewegungsradius. Der andere kann entscheiden, ob er das Thema aufgreifen will. Veränderung ist immer schwierig. Auch fürs Management. Daher habe ich gelernt, dieses nicht an die Wand drücken. Information ohne Erwartung. Kontiunität, ohne zu nerven.

Natürlich muss man immer wieder nachhaken. Beispiel: ›Sag mal, das neue Gesetz wird den Arbeitsmarkt ganz schön durchrütteln‹. Und dann keine einzige Silbe mehr – und aushalten, ob der Gegenüber das Thema aufgreifen wird. Ein anderes Mal kann man dann nachlegen mit: ›Sag mal, hast du auch den Artikel dazu gesehen?‹ Und das nächste Mal: ›Sag mal, wollen wir uns das Thema mal genauer ansehen?‹ Ich bin mit dieser Technik bei den meisten Vorgesetzten immer am besten gefahren, weil Sie sich langsam auf ein Thema einstellen und das Gefühl haben, den Fokus mit entscheiden zu können.«

Vertrauensbildende Maßnahmen first!

Insbesondere, wenn Sie von außen neu in ein Unternehmen kommen, sollten Sie nicht sofort alles von links auf rechts drehen. Konzentrieren Sie sich auf ein bis zwei entscheidende Leuchtturmprojekte. So bleibt das Vorhaben für Sie überschaubar. Positiver Nebeneffekt: Ihre Chancen auf Erfolg werden höher, weil Sie sich auf zentrale Projekte fokussieren können. Sie gewinnen Vertrauen, wenn Sie wichtige Etappensiege vorweisen können – und vor allem: stoßen nicht sofort sämtliche Kollegen vor den Kopf, weil diese das Gefühl haben, Sie treten bislang Erreichtes und Geschaffenes mit Füßen.

Klarheit im entscheidenden Moment

Der stete Tropfen höhlt also den Stein. Oder in Transformationssprech: Themen einmassieren und einmassieren – und einmassieren. Transformationsprozesse von Unternehmen sind schließlich kein Sprint, sondern gleichen einem niemals enden Marathon.

Das heißt aber nicht, dass sie mit dieser weichen Taktik immer ans Ziel kommen. Neben dem Vermitteln von Leichtigkeit, braucht es Klarheit und das Aufzeigen von Konsequenzen, die gewisse Entscheidungen (und in gleichem Maße nicht getroffene Entscheidungen) mit sich bringen. Insbesondere wenn unerwartete Querschläger wie plötzliche Kosteneinspar-Offensiven, konkurrierende Projekte oder einfach nur jede Menge unliebsames Tagesgeschäft die Aufmerksamkeit auf sich lenken.

Beharrlich in Briefings investieren
In diesen kritischen Phasen werden wegweisende Entscheidungen (zum Beispiel bezüglich Budget oder Ressourcen) gerne hinter verschlossenen (Vorstands-)Türen getroffen. Wenn Sie möchten, dass hinterher von Ihren Ideen noch etwas übrig ist, investieren Sie in ein ausführliches Briefing des Vorstandspaten. Achtung, das wird intensiv. Manchmal müssen Sie insbesondere Ihren vorgesetzten Vorstand so intensiv impfen, damit er seine Vorstandskollegen von diesem Thema ebenfalls begeistern kann, sodass Sie das Gefühl haben, in ihn hineinzuschlüpfen. Oder Sie fragen mutig danach, ob Sie die Präsentation nicht selbst übernehmen können.

Nicht immer ist es leicht, die Aufmerksamkeit Ihres Entscheiders für ein ausführliches Briefing für eine Sitzung zu gewinnen, da dieser aufgrund seiner persönlichen Eigenschaften (vgl. Kapitel 3) mitunter davon ausgeht, dass eine ausführliche Vorbereitung nicht notwendig ist. Oder Ihr Vorstand zeitlich stark eingespannt ist. Bleiben Sie besser hartnäckig. Da Sie an Ihrem Thema näher dran sind als Ihr Vorgesetzter, kann er gar nicht so viel davon wissen, um sie vor anderen zu verteidigen. Und doch muss er begreifen, warum Ihr Transformationsprojekt so wichtig ist, um Ihr Fürsprecher in Vorstandsrunden zu sein, wenn auf oberster Ebene über Kapazitäten, Ressourcen oder Budget gestritten wird. Und während Sie ihre Präsentationen schon auswendig kennen, hat Ihr Management vielleicht die Botschaft gerade erst gehört – und damit noch lange nicht verstanden.

Kurzum: Die Notwendigkeit Ihres Vorhabens muss der Vorstand verstanden haben. Um das zu bewirken, müssen Sie beharrlich sein. Manchmal sanft, manchmal aber auch eben mit Nachdruck. Man darf in der Unternehmensleitung ruhig wissen, dass Sie für Ihre Themen brennen.

Takeaway 6

Underdogs geben anderen das Gefühl, im Lead zu sein – halten aber selbst die Zügel weiter in der Hand.

6.4 Ergebnisse in der passenden Währung vorstellen

»Zählen, was für andere zählt.«

Wenn wir empfehlen, dass Sie Ihre Transformationserfolge für Ihre Positionierung nutzen und daher über die Erfolge sprechen sollten, ist das wenig überraschend.

Einen Aspekt sollten Sie bei der Vorbereitung Ihrer Kommunikation wichtiger Etappenziele keineswegs vergessen: Achten Sie insbesondere auf die Währung, in der Sie Ihre Ergebnisse Ihren Stakeholdern vorstellen.

Erst das Motto...

Damit Sie Ihr Projekt durchbekommen und dieses eine gewisse interne Bekanntheit erreicht, empfiehlt sich ein plakatives Motto. Man nehme »#1«, »1 Team 4« oder »Power 2 ... « und kombiniere das mit der Zielgruppe oder dem Kerngebiet, das Ihre (Transformations-)Vorhaben ausmacht. Falls Sie eine Spur kreativer und ungewöhnlicher werden, kann das nicht schaden. Ganz gleich ob kleines Projektchen oder ein mehrere Jahre angelegtes Changeprogramm.

.... dann die Einheit.

Mindestens so wichtig, wie das Motto, dass Sie kommunizieren, ist die Einheit, in der Sie Ihre Transformationserfolge aufwiegen. Und das ist ein Ratschlag, den Sie anders als »Tue Gutes und rede darüber« nicht in jedem zweiten Kommunikationsratgeber finden. Vergessen Sie dabei mitunter die Einheiten, die Sie im Studium gelernt haben. Wenn dort in der Marketingvorlesung davon die Rede war, dass Sie den Wert ihrer Marke beispielsweise über die gestützte Markenbekanntheit messen, ist das noch lange nicht die Einheit, die Ihr Topmanagement interessiert. Vielleicht kann es mit dieser gar nichts anfangen? Versetzen Sie sich in das Topmanagement hinein. Und versuchen Sie eine Einheit zu finden, die von Ihrem C-Level geschätzt – oder zumindest verstanden wird. Was also sind die Zahlen, die Ihre Stakeholder wirklich interessieren?

Beispiel: Von Werten jenseits des Lehrbuchs

Stefanie, Leitung Marketing bei einem Telekommunikationsdienstleister begründet die Wahl ihrer zentralen KPIs wie folgt:

»Jahrelange habe ich versucht die Entwicklung der Markenbekanntheit als den zentralen KPI zur Messung meines Erfolgs im Haus zu etablieren. Bis ich verstanden habe: Hier beiße ich auf Granit – und bleibe die Dame mit der Markenbekanntheit. Die aber niemanden wirklich wichtig war. Einfach weil der Wert zu abstrakt ist und zu weit weg von den Druckpunkten der Operative. Die Gespräche um das Budget: Jedes Jahr ein Kampf. Besser zu verargumentieren wurde es erst, als wir den Fokus der Messung geändert haben – indem wir neben der Marke auch eine Abverkaufs-Kampagne integriert haben, die gezielt wechselwillige Nutzer ansprach. Auch wenn diese Kampagne mit der Marke selbst nicht viel zu tun hat, außer dass sie sich gegenseitig stützen. Die Kampagnen ergebene zwei Werte, die man eigentlich nicht in einen gemeinsamen Topf werfen würde. Wir haben es dennoch gemacht. Nach der Markenbekanntheit fragt mich heute niemand. Den Stakeholdern berichte ich regelmäßig von den erzielten Leads. Ich selbst – weil ich weiß, dass sie wichtig ist, beobachte auch die Entwicklung der Bekanntheitswerte genau. Aber es ist nichts, was ich für die Kommunikation intensiv nutze.«

Brücken und Scharniere

Eine passende Währung finden. Das heißt nicht, dass Sie Ihre Ideale verraten sollten und als Vertriebsprofi für den Marketingvorstand plötzlich die Markenbekanntheit ausrechnen, die Ihre Field-Sales-Besuche im letzten Jahr gebracht haben. Versuchen Sie viel mehr Brücken und Scharniere zu finden, die zwei Welten miteinander verbinden. Und noch wichtiger: Denken Sie dabei auch an die *Stakeholder ihrer Stakeholder*. Welche Währung ist genau für sie relevant? Diese Frage hilft Ihnen in die Perspektive einzutauchen, die Ihr C-Level einnimmt. Und erweitert den Klassiker »Was ist für mich drin?« um die Komponente: »Was ist für die drin, die ich überzeugen muss?«

Welche konkreten Lösungen könnten dies sein? Das kann ein automatisiertes Marketingsystem für den Vertriebsvorstand sein, weil er damit eine neue Geschichte gegenüber seinen Vertriebspartnern erzählen kann. Es kann eine Storyline für das Begeistern der Aktionäre sein, mit der sich Ihr CEO von einzelnen Großaktionären unabhängiger macht. Oder es kann die Vereinfachung von Prozessen sein, von denen Sie wissen, dass Sie Ihrem Vorstand schlichtweg lästig sind. Machen Sie es ihm einfacher, wird es das schließlich auch für Sie. Ist das Thema gefunden, die Einheit definiert und vor allem der erste handfeste Erfolg eingefahren, ist Zeit für eine offensivere Kommunikation. Möglichst konkret, möglichst mit Fokus auf die gestifteten Mehrwerte. Gegenüber Ihren Stakeholdern, aber auch in Richtung Ihres Hauses.

Sichtbarkeit für Fortgeschrittene

Entgegen der in Kapitel 6.2 empfohlenen vorsichtig dosierten Sichtbarkeit, bei der man Projekte eher kleiner macht als sie sein mögen, gibt es auch ganz andere Phasen: Da braucht ein Vorhaben maximale Visibilität, um überhaupt wirken zu können. Zum Beispiel, wenn man mit anderen Vorstandsbereichen um Ressourcen für ein Projekt kämpft – wie in Kapitel 1.2 beschrieben. Oder weil der nennenswerte Wirkungsgrad und Erfolgsbeitrag Ihrer Aktivitäten immer wieder gern vergessen wird – und historisch bedingt andere Themen das Rampenlicht auf sich ziehen. Sichtbarkeit ist aber wichtig: als Anerkennung für sich selbst, als Anerkennung für Ihr Team, das die Anerkennung verdient hat und sie sich erhofft – und schließlich als Währung, um genug Ressourcen und Verantwortung (auch zukünftig) zugesprochen zu bekommen.

Ein geeignetes Hilfsmittel, diese Sichtbarkeit sicherzustellen, ist die Berücksichtigung des Projekts in den Vorstandszielen. Dafür braucht ihr Projekt eine entsprechende Tragweite, die es nun auch klar herauszustellen gilt. Wenn es gelingt Ihr Projekt in den Vorstandszielen zu verankern, haben Sie allerdings auch eine absolute Bringpflicht – zugleich verschafft Ihnen das auch Rückenwind. Denn auch Ihr Vorstand muss jetzt ein großes Interesse daran haben, dass das Vorhaben zum Erfolg wird. Sein Buy-in ist gesichert, wenn seine Ziele damit verknüpft sind. Dann wird er Ihnen den Rücken freihalten, an Ihrer Seite für Kapazitäten anderer Bereiche kämpfen und dafür sorgen, dass das Thema auf der Prioritätenliste oben steht und nicht untergeht. Eine echte und sehr ernst gemeinte Patenschaft – zumindest bis zur nächsten Etappe der Zieldefinition. Zudem lassen sich Vorstandsziele als Motivator auch ins eigene Team herunterkaskadieren. Sie stellen also sicher, dass die Ziele Ihrer Mitarbeiter auf die Ziele einzahlen, die Vorstand und Konzern wichtig sind.

Bringen Sie sich bei der Definition der Vorstandsziele aktiv ein! Machen Sie Vorschläge für ambitionierte, aber realisierbare KPIs. Zumindest für die Themen, die Sie als Transformationstreiber identifiziert haben. Themen, die Sie nach vorn bringen können und möchten. Unter dem Radar fliegen, ist also nicht immer der richtige Ratschlag. Finden Sie den richtigen Moment für den Absprung und switchen Sie auf volle Aufmerksamkeit, wann immer es notwendig ist.

Wer über Erfolge spricht, darf das auch über Herausforderungen

Vielleicht kennen Sie das Phänomen. Es gibt Mitarbeiter, die sprechen nur mit Ihnen, wenn es Probleme gibt. Klitzekleine und belanglose – oder unlösbare, große Brocken. Insbesondere letzteres darf nicht totgeschwiegen werden. Doch klar ist auch: Wenn Sie immer nur mit Problemen kommen, werden Sie selbst zu einem. Achten Sie deshalb auf den guten Kommunikationsmix mit Ihren Vorgesetzten. Positive Nachrichten gehören genauso auf die Jour-fixe-Agenda wie die Diskussion von noch ungelösten Herausforderungen. Nur so entsteht am Ende eine Zusammenarbeit auf Augenhöhe.

Takeaway 8

Underdogs übersetzen Erfolge in die entscheidende Währung – und schaffen Sichtbarkeit, wenn es sie braucht.

7 Strategien zum Begeistern von Mitstreitern

»Teamwork next Level«

Im vorausgegangenen Kapitel haben wir bereits viel darüber gesprochen, wie wichtig das Management Ihres Managements ist. Darüber darf das Management des eigenen Teams jedoch nicht vernachlässigt werden. Deshalb widmen wir der Gruppe der Stakeholder dieses Kapitel – explizit und exklusiv.

Transformation ist alles andere als eine One-Man- oder One-Woman-Show. Allein gewinnt man weder Preis noch Krieg. Das heißt: Transformation braucht Teamwork. Doch nicht nur Teamwork innerhalb eines bestehenden Teams, sondern Teamwork next Level: Vernetzt und konstruktiv, proaktiv über alle Hierarchieebenen und mehrere Bereiche hinweg zusammenarbeitend – vom Vorstand bis zum Praktikanten. Dieses Teamwork ist kein Selbstläufer. Gerade die mittleren Manager können dazu aktiv beitragen. Ja sie sind sogar verantwortlich dafür, als Übersetzer zwischen unterschiedlichen Ebenen und Perspektiven. Denn außer ihnen wird niemand für ein gelingendes, grenzüberschreitendes Teamwork Sorge tragen. Dafür müssen mittlere Manager die verschiedenen Kollegen aktiviert und überzeugt werden – Mitarbeiter wie Führungskräfte auf vergleichbarer Ebene.

Wie das gelingt? Die konkreten Tipps und Tricks in diesem Kapitel erzählen, wie man Follower begeistert und hält, aber auch Allianzen schmiedet.

7.1 First Follower mitreißen und begeistern

»Die Ersten einer neuen Art«

Damit Sie im mittleren Management etwas vorwärtsbringen, braucht es *»Follower«*. Sie verleihen Auftrieb und geben bei Niederlagen Rückhalt. Damit sind nicht primär die Follower auf LinkedIn oder Twitter gemeint, obgleich diese ebenso helfen können. Gemeint ist: Nur wenn viele andere begreifen, dass andere Ihnen folgen und in Ihre Richtung ziehen, sind Bereitschaft und Vertrauen da, es ihnen gleich zu tun. Das braucht es besonders für Zeiten des Wandels, die Veränderung und damit Verunsicherung mit sich bringen. Teil einer großen Bewegung zu sein, gibt Sicherheit. Vor allem für Ihre Mitarbeiter. Aber auch in Richtung Vorstand schafft Gefolgschaft Vertrauen. Deshalb sind Mitstreiter und Fürsprecher für Sie im mittleren Management so wichtig.

Ein Video mit dem Titel »Leadership from a Dancing Guy«, das auf YouTube (https://www.youtube.com/watch?v=hO8MwBZl-Vc) zu finden ist, bringt es auf den Punkt. Hier startet ein Tänzer tagsüber auf einem Festival eine ganze Bewegung. Zunächst mit prägnanten (aber durchaus einfach nachzumachenden) Tanzbewegungen für sich selbst. Er ist eine Weile allein, bis sich ein erster Passant ihm anschließt. Der *»First Follower«* also, der eine entscheidende Rolle einnimmt, weil er allen anderen zeigt: *»How to follow«*. Der Lead-Tänzer begrüßt diesen herzlich, während der Sprecher im Video weiter ausführt: *»Being a first follower is an underappreciated form of leadership«*. Der erste Follower – eine unterschätzte Art und Weise von Führung, die ähnlich viel Mut erfordert, wie ihn derjenige braucht, der voranschreitet. Und so ergeben der Leader und der erste Follower eine Einheit – in etwa wie Feuerstein und Funke, die gemeinsam ein Feuer zum Leben erwecken.

Die beiden Protagonisten im Video müssen eine Weile durchhalten, doch nach und nach schließen sich immer mehr Menschen an – bis eine große Bewegung an mehreren hundert Personen im Park die gleichen Bewegungen ausführt. Kein abgesprochener Flashmob, sondern aus der Begeisterung heraus für das, was die Menschen hier tun.

Auch Veränderungsprozesse in Unternehmen brauchen eine Choreografie – und mehr als nur eine Person, die darin einstimmt. Ein neues Feld bestellt man schließlich nicht allein. Machen Sie sich bewusst, welchen Stellenwert diese Personen einnehmen und vor allem stellen Sie sich der Frage: Wen können Sie zum Kreis Ihrer (First) Follower zählen – und wie diesen Kreis bewusst erweitern? Diese Fragen gelten nicht nur für große Veränderungsinitiativen, sondern auch für vermeintlich kleine Projekte im Tagesgeschäft. Mit den richtigen Unterstützern lassen sich Projekte viel leichter umsetzten und die Ziele erreichen. Dieser Gedanke lässt sich im gleichen Maße auf das Wirken im Tagesgeschäft übertragen.

Nur wenn man mit Ihnen und Ihren Transformationsideen *»mittanzen«* möchte, weil sie greifbar sind, erreichen Sie nach und nach eine große Masse. Die First Follower können und sollten dabei unterschiedlichster Couleur sein: Ob Topmanagement (die Kür!), andere mittlere Manager oder Ihre eigenen Mitarbeiter, deren Followship sie ebenso erst verdienen müssen und keineswegs geschenkt bekommen. Wichtig ist: Setzen Sie in jedem Fall auf Kolleginnen und Kollegen der gleichen Ebene. Nur weil Ihr Assistent oder Ihre Werkstudentin Ihren Plan gut finden, haben Sie noch keine substantiellen Follower gewonnen. Schließlich gilt: Je anerkannter und neutraler Ihre Follower im Unternehmen wahrgenommen werden, auf desto mehr Loyalitäts- und Vertrauensvorschuss seitens weiterer Dritter können Sie bauen. Und wer weiß, wann Sie diese Dritte im weiteren Transformationsverlauf noch brauchen.

Beispiel: Gegenseitige Symbiose als Form des Followships

Elisabeth ist Head of Business Process Management bei einem internationalen Hersteller von Maschinen für Industrieautomation und berichtet von einem Follower-Modell auf verschiedenen Ebenen.

»Ich ergänze und folge unserem von außen geholtem CIO, der den Plan entwickelt hat, wie wir im Unternehmen die digitale Transformation konkret vorantreiben können und den ich entsprechend sehr schätze. Ich selbst wiederum kenne das Unternehmen seit gut 20 Jahren und die Fallstricke, die bei so einem Vorhaben lauern. Zusammen gehen wir also eine Art Symbiose ein. Das ist für mich gegenseitiges Followship. Aber das genügt natürlich nicht. Um unsere Transformationsziele umzusetzen, aktivieren wir Multiplikatoren in den verschiedenen Landesgesellschaften. Der wichtigste Meilenstein war eine Change-Kampagne, in deren Rahmen wir zu einem dreitägigen Kick-off-Event eingeladen hatten. Ich hätte mir nie vorgestellt, was so ein Event bewirken kann. Selbst bei Leuten, die gar nicht dabei waren. Die Mitarbeiter haben so viel darüber erzählt und im Unternehmen ist eine positive Grundhaltung unserem Projekt gegenüber entstanden. Natürlich gehen damit auch eine gewisse Erwartungshaltung, Druck und Verpflichtung einher, aber die Chance und das Gefühl eines solchen Follower-Momentums ist unbeschreiblich.«

Nicht nur Optik

Das Beispiel mit den Tänzern basiert vor allem auf einer optischen Gemeinsamkeit, nämlich einer Tanzbewegung. Auf ein Unternehmen übertragen kann das ein visuelles Erkennungszeichen sein. Zum Beispiel ein Hoodie, ein Turnschuh oder ein Anstecker. Für den Start einer Bewegung reicht das aus. Auf Dauer braucht es aber mehr als nur ein visuelles, verbindendes Element. So ein Element ist im Zweifel nur Kosmetik und schnell wieder abgelegt. Wichtig ist eine gemeinsame, inhaltliche Verbundenheit. Mit dem Erkennungszeichen schaffen Sie Follower. Wenn Sie jedoch ihre ausgegebene Devise nicht mit Inhalt füllen können, wissen Sie nicht wohin mit diesen. Oder anders gesagt: First Follower sind notwendig, um Veränderung sichtbar zu machen. Sie brauchen aber ein gemeinsames, inhaltliches Ziel. Sonst haben Sie Lemminge gezüchtet.

Beispiel: Partizipation schafft Early Adopters

Markus, ein ehemaliger Geschäftsführer einer führenden Onlineplattform im Mobilitätsbereich, sieht im Rückhalt der Führungsmannschaft den entscheidenden Faktor.

»Ich habe zwei Mal im Unternehmen versucht den Purpose in Form einer Vision zu verankern. Geklappt hat es tatsächlich erst beim zweiten Mal. Warum? Weil beim ersten Mal meines Erachtens der Buy-in meines engsten Führungsteams nicht gegeben war. ›Das ist nur eine Markus-Show‹ – das ist es, was sie am Ende gedacht haben. Ich habe es aber auch einfach zu wenig erklärt: Warum ist die Definition unseres Purpose wichtig? Was bringt es uns? Nur weil man es einmal kommuniziert, Goodies ausgibt – oder ein Motto an die Wand schreibt, heißt es nicht, dass etwas verstanden oder gelebt wird. Es fehlte also an der Überzeugung und das ›Why‹ – und entsprechend wenig wurde damit gearbeitet. Es ist dann einfach versandet.

Beim zweiten Mal war das anders. Wir konnten die Begeisterung für das Thema rüberbringen und zahlreiche Early Adpoters als Treiber des Prozesses gewinnen. Soll heißen: Unser Purpose wurde von vielen anderen ganz konkret aufgegriffen. Auch über Touchpoints hinaus, die in unserer konkreten Verantwortung standen. Das war der Moment, in dem ich wusste: Unsere neue Positionierung hat die Akzeptanz, die sie braucht und Laufen gelernt – und wir haben die entscheidenden Mitstreiter für unser Unterfangen.«

Sie brauchen also Mitstreiter, die Ihre inhaltliche Überzeugung teilen. Dafür braucht es zum einen Fakten. Und zwar Fakten, mit denen Sie begründen können, warum ein Schritt notwendig ist. Zum anderen brauchen Sie Emotion, nämlich das Gefühl, dass sich dieser Schritt auch noch gut und richtig anfühlt.

Bis sich der Transformations-Dancefloor füllt, brauchen Sie Geduld

Bei allem Gefühl der Euphorie, die eine große Schar an Followern auslösen kann: Es wird zäh. Die Zeitspanne bis jemand »auf die Tanzfläche kommt«, mag sich sehr lange anfühlen und sie sich einsam vorkommen. Schnell kann passieren, dass Sie – um weiter beim Bild des Tänzers zu bleiben – Tänzer wieder verlieren. Das wird sie mitunter dazu bringen, Ihren Tanzstil zu hinterfragen. Doch wenn Sie die »Crowd« einmal hinter sich haben, gibt das Auftrieb und Motivation für noch mehr – und Ihnen die Gewissheit, mit Ihrer Tätigkeit wirklich etwas »bewegt« zu haben. Und Sie wissen auch, wer nicht mitmacht.

Beispiel: Systematischer Aufbau von Mini-Mes

Marius, Leiter für Produktmanagement bei einem großen Logistikdienstleister, beschreibt, wie ein First Mover eine große Masse ansteckt – und dadurch die sichtbar werden, die sich nicht verändern wollen.

»Sie können in Ihrer Organisation nicht überall sein. Machen Sie deutlich: ›Ihr müsst auch mitmachen. Versuchen Sie Multiplikatoren zu aktivieren. Ich sage dazu auch gern »Mini-Me«, die Ihre Botschaft weiterverbreiten. Schritt für Schritt kann sich eine Organisation so systemisch weiterentwickeln. Erst First Mover, dann First Follower – und irgendwann ist der ganze Mittelbau in Bewegung. Und irgendwann ist die Perspektive dann auch genau andersherum: Es fallen die auf, die nicht mitziehen. Und mit denen kann man dann in den direkten Austausch gehen. Ich erwarte von niemandem, sich über Nacht zu ändern. Was ich erwarte, ist ein Erkenntnisprozess.«

Getreu dem Motto »Die Geister, die ich rief« besteht immer die Möglichkeit, dass eine Transformationsbewegung, die man ins Leben gerufen hat, eine Eigendynamik entwickelt. Zum Beispiel eine Choreographie weiterentwickelt, die so gar nicht mehr zur Ursprungsbewegungen passt. Dann ist Zeit, genau hinzusehen. Vielleicht macht die veränderte Bewegung Sinn und hilft, dem Transformationsziel näher zu kommen. In diesem Fall ist kein Platz für Eitelkeit, trauern Sie dem von Ihnen entwickelten Ursprungs-Move nicht hinterher. Aber: Es kann aber sein, dass die neue Bewegung droht, die nach wie vor richtige Ursprungsidee zu verwässern. Dann empfiehlt sich: Einschreiten.

Takeaway 9

Underdogs entzünden Feuer bei anderen – anstatt einsam auszubrennen.

7.2 Allianzen schmieden

»Neider oder Mitstreiter?«

Wer eine Transformation anstößt und die Steuerung übernimmt, macht sich nicht nur Freunde. Die werden Sie aber als Alliierte brauchen. Warum sind Allianzen wichtig? Zunächst für den Wissensaustausch. Um erfolgreich als mittlerer Manager zu arbeiten, müssen Sie Entscheidungen treffen. Die Vorbedingung, um sinnvolle Entscheidungen treffen zu können, sind relevante Informationen, also Wissen. Tragen Sie also dazu bei, dass sich entscheidende Informationsgeber bzw. Wissensträger untereinander fachlich vernetzen. Das heißt: Strecken Sie insbesondere die Hand in Richtung aller aus, die ein ähnliches Verständnis dafür haben, welche Dinge im Unternehmen anzugehen sind. Ganz gleich, ob wir von kleinen Initiativen in der Operative, oder von groß angelegten Changeprojekten sprechen: Es geht vor allem um eins: Auf einer guten Wissensbasis Entscheidungen treffen für eine gemeinsame Perspektive.

Im vorausgegangenen Unterkapitel haben wir uns in erster Linie dem Prinzip Follower gewidmet. Follower allein reichen nicht aus, um Veränderungsmaßnahmen voranzutreiben oder Projekte zum Erfolg zu führen. Suchen Sie Mitstreiter und Mitgestalter auf Ihrer Ebene aus anderen Bereichen. In einer solchen Gemeinschaft können Sie Ihren Aktionsradius erweitern und zusammen mehr erreichen. Denn jede negative Auseinandersetzung mit anderen Bereichen kostet nur Kraft, die Sie vom potenziellen Transformationsvermögen eines Unternehmens abziehen müssen. Je vernetzter Sie mit Führungskräften auf Ihrer Ebene sind und je mehr Übereinstimmung sie erreichen können, umso so besser können Sie Ihre Aktivitäten aufeinander abstimmen und gemeinsam am gleichen Strang ziehen. Das klappt auch, wenn diese Einigkeit dem Topmanagement fehlt.

Damit sind wir schon bei drei Anspruchsgruppen, die Sie aktiv managen und im Blick behalten: Neben Ihren Vorgesetzen und den Mitarbeiten sind das die wichtigen Kollegen auf der eigenen oder auf vergleichbarer Ebene.

In drei konkreten Schritten schaffen Sie Allianzen, um das Transformationsvorhaben umzusetzen, und damit Mehrwerte für alle Beteiligten und den Konzern. Wie Sie das tun, beschreiben wir im Folgenden.

Schritt 1: Perspektiven zusammenlegen

Ein Konzern ist ein komplexes Geflecht aus Strömungen und Entscheidungen. Noch nicht einmal das Topmanagement kann hier alles durchblicken. Je vernetzter Sie im Unternehmen sind, umso vollständiger ist Ihr Blick auf das Konstrukt, in dem Sie arbeiten und dass Sie verändern wollen oder müssen. Und das ist ein Mehrwert, den Sie auch potenziellen Unterstützern geben können: Ein möglichst weiter Blickwinkel. Im ersten Schritt geht es also einfach darum, verschiedene Perspektiven und Informationen von anderen mittleren Managern einfach zusammenzubringen. Allianzen helfen Ihnen beim Puzzeln der Informationen. *»Dein Puzzlestück für meines. Und andersherum.«* So einfach ist der Deal. Und Information ist in unsicheren Zeiten eine bedeutsame Währung.

Dafür braucht es Offenheit. Damit lässt sich das Vertrauen des anderen am besten gewinnen. Vertrauen Sie auf Ihr Bauchgefühl und gehen Sie in Vorleistung – ohne dabei blauäugig zu sein. Schritt für Schritt lernen Sie die anderen Player auf dem Platz kennen. Versetzen Sie sich in die Player hinein und versuchen Sie zu verstehen, was wem wichtig ist. Der eine steht gern im Rampenlicht, der andere vermeidet Konflikte und der dritte sprudelt vor Ideen. Aber wenn Sie wissen, wen Sie wie zu packen haben – und wem Sie Vertrauen schenken können, sind Sie im Hinblick auf das Management ihrer Mitstreiter schon sehr gut aufgestellt. So kann es zum Beispiel gelingen, Personen zu aktivieren, die mit anpacken und denen es nicht nur um ihre eigene Selbstvermarktung geht.

Schritt 2: Gemeinsame Perspektive entwickeln

Idealerweise lässt sich aus diesem Austausch ein sehr konkreter gemeinsamer Blick auf Handlungsfelder und Anknüpfungspunkte ableiten, von dem wiederum alle der Allianz für ihren eigenen Tätigkeitsbereich profitieren. Legen Sie Layer für Layer, Perspektive für Perspektive übereinander – und ein Gesamtbild entsteht. Die Informationsbeschaffung ist das mühsame – die Ableitung, wie eine übergreifende Strategie der nächsten Schritte aussehen könnte und welche Veränderung dem identifizierten Gesamtbild guttun würde, erfordert dann meist nur noch klaren Verstand, Fachwissen und Intuition. Und auch hier hilft: Machen Sie nicht den Fehler, den Sie mitunter Ihrem Vorstand vorwerfen und verlassen Sie sich nur auf sich. Stattdessen gilt: Skills zusammenwerfen und einen möglichst differenzierten 360-Grad-Blick gewinnen. Eintauchen, diskutieren und committen. Und wieder von vorne.

Vertreter des mittleren Managements haben beim Informationspuzzle einen entscheidenden Vorteil: Während dem C-Level oft geschönte Fakten und Projektstadien vorgelegt werden, sind die mittleren Manager näher dran. Man erzählt einem Vorstand einfach andere Dinge (und manche Dinge einfach gar nicht). Ein starkes mittleres Management erfährt mehr und hat damit die Kraft, einen Vorstand beim Treffen der richtigen Entscheidungen zu unterstützen. Das klappt aber nur, wenn es selbst ein möglichst gemeinsames Verständnis auf Prozesse, Entwicklungen und notwendigen Veränderungen hat. Sonst erhalten die Vorstandmitglieder unterschiedlich Informationen – und bleiben schließlich in einem diffusen Informationsdickicht zurück.

Schritt 3: Gemeinsame Entscheidungsvorlagen einbringen

Gemeinschaftlich wurden Themen identifiziert, die es anzugehen gilt? Dann kommen wir zur Kür: Einer gemeinschaftliche Entscheidungsvorlage mehrerer Bereiche oder Abteilungen. Denn warum immer über den Vorstand und seine Sitzungen Botschaften in Richtung anderer Bereiche senden und damit über Bande spielen? Kann man sich unter den Führungskräften nicht schon untereinander einigen und gemeinsam eine Entscheidungsvorlagen zu geplanten Projekten aufbereiten? Das wäre eine konkrete Entlastung des Topmanagements und trägt zur horizontalen Vernetzung zwischen den Bereichen bei. Und: Der Vorstand müsste in seinen Gremien keine Kämpfe auf Grundlage von gefährlichem Halbwissen ausfechten (bei der Vielzahl an Themen kann kein Vorstand über tiefergehendes Detailwissen verfügen). Stattdessen kann der Vorstand sich auf eine von der Mitte gemeinschaftlich erarbeitete Empfehlung beziehen. So werden in Vorstandsgremien bessere Entscheidungen getroffen. Je mehr mittlere Manager vorausplanen und verabreden, umso effizienter wird das Unternehmen sein können.

Konkrete Austauschformate empfehlenswert

Damit es mit den drei Schritten klappt, braucht es Austauschformate. Ein solcher Austausch kann in Form von offiziellen Lenkungsgremien abgebildet werden. Wie wäre es zum Beispiel mit einem Führungskräfte-Jour-fixe? Doch nicht immer sind solche Formate in Unternehmen schon fest institutionalisiert. Auch Sie selbst können allerdings dazu beitragen. Es bedarf nicht immer gleich einem offiziellen Gremium oder Anlass. In gleicher Weise ist ein Austausch auf privater Ebene – zum Beispiel als After-Work – denkbar. Ein Anlass zu einem Abendessen eines inneren »Middle Circles« lässt sich also gut finden. Hier können Sie abklopfen, welche Druckpunkte Ihre Kollegen spüren und im Rahmen des Netzwerkes losgelöst vom Spiel über die Vorstände die echten Schmerzpunkte herausfinden, um daraus Maßnahmen für gemeinschaftliche Verbesserungen ableiten zu können.

Vorsicht vor Neidern

Nicht immer ist das Vertrauen und die Unternehmenskultur auf bereichsübergreifende Zusammenarbeit ausgerichtet. Stattdessen bestimmten Neid und Missgunst. Ein zweischneidiges Schwert. So kann in Neid ein Ansporn liegen, die Leistung einer anderen Abteilung zu übertreffen. Neid kann damit als Beschleuniger von Transformation wirken. Auf der anderen Seite liegt darin die Gefahr, vorhandene Transformationserfolge klein zu reden und mehr Zeit in zwischenmenschliche Intrigen zu verschwenden, statt in eine fachliche und kulturelle Weiterentwicklung des Unternehmens. Deshalb empfehlen wir Ihnen an dieser Stelle: Behalten Sie Ihr Ohr am Flurfunk, um zu wissen, was sich dieser erzählt. Lassen Sie diesen aber nicht zum beherrschenden Thema werden: Fakten (z. B. konkreten Erfolgen) haben Neider außer Gewäsch nur sehr selten etwas entgegenzusetzen.

Takeaway 10

Underdogs multiplizieren ihren Aktionsradius, wenn sie Freiräume und Wissen zusammenlegen.

7.3 Die Sprache des Teams sprechen

»Übersetzen. Der wahrscheinlich wichtigste Transformationsratschlag.«

Die wichtigste Funktion des mittleren Managers ist und bleibt die des Übersetzers: Zwischen oben und unten, zwischen verschiedenen Fachexperten, zwischen den – vermeintlich kleinen – Sorgen des Einzelnen und den Zielen des Unternehmens. Diese Funktion ist in Veränderungsprozessen wichtiger denn je. Nur wenn Einheiten, Wissen und Zielrichtung synchronisiert sind, lenken und laufen alle in die gleiche Richtung. Dafür müssen die wichtigen Kernbotschaften so übersetzt werden, dass sie jede Rolle im Unternehmen bzw. in der eigenen Einheit versteht.

Mittlere Manager sind ein Scharnier. Was heißt das eigentlich? Sie müssen andockfähig sein in alle Richtungen. Sie müssen zum Beispiel ein Gespräch mit einem Experten eines anderen Fachgebiets bestreiten, einen Talk mit dem CEO führen, ein Eskalationsgespräch mit einer anderen Führungskraft halten, eine Einführung zu einem Arbeitstool einem technikfremden Mitarbeiter geben. Das heißt, mittlere Manager müssen sich auf jeden Gesprächspartner – pro Tag kann ihre Anzahl auch mal 10, 20, 30 oder gar 40 sein – einstellen. Ihn abholen, wo er inhaltlich aber auch hinsichtlich Tonalität steht. Das ist anspruchsvoll.

Mittlere Manager müssen sich der Aufgabe »Kommunikation« bewusst sein. Sie benötigen dazu kommunikative Skills, die sie auch immer schulen und trainieren sollten.

Kommunikationslogistik gefordert

Weitere wichtige Aufgaben sind Planung und Synchronisierung der Informationen mittels eine Kommunikationslogistik. Es geht darum zu planen: Wer braucht welche Information, um erfolgreich arbeiten zu können? Auf dem Schreibtisch eines mittleren Managers landen viele Informationen. Er hat einen guten Überblick, das reicht aber nicht: Er muss zudem entscheiden, welche Informationen er in welcher Einheit an wen weiterreicht: von schlechten Nachrichten bis Best-Practice-Beispielen, von fachlichen Updates bis hin zu Flurfunk, von Tagesgeschäft bis Business Development. Welche Information hilft wem weiter – heute, morgen, übermorgen. Kurzum: Zur Kommunikation gehört auch, aktive Kommunikationslogistik zu betreiben.

Neben der Kommunikation geht es darum, Arbeitsergebnisse verschiedener Einheiten zu planen. Den Überblick über diese Abhängigkeiten zu bewahren, ist nicht einfach. Außer den mittleren Managern wird und kann das niemand tun. Der Vorstand hat andere Themen. Die Fachexperten und Projektleiter stürzen sich wiederum auf das, was für ihre Arbeiten notwendig ist. Doch wie passen die verschiedenen Teamergebnisse, das große Ganze zueinander? Das zu erkennen und zu kommunizieren, ist Ihre Aufgabe.

Kontext geben, Erfahrung teilen, Transparenz schaffen

Geben Sie Ihren Mitarbeitern ein Gespür dafür, in welchem Umfeld sie unterwegs sind. Schicken sie sie nicht blauäugig in Sitzungen, in denen sie auseinandergenommen werden könnten. Es geht darum, Erfahrung und Wissen zu teilen. Und das mit einem klaren Ziel: Mit mehr Information können auch Ihre Mitarbeiter bessere Entscheidungen treffen. Sie können besser verstehen, in welchem Kontext sie unterwegs sind.

Oftmals wundern wir uns, für welche Themen Mitarbeiter ihre Zeit einsetzen. Warum sie Ideen in Richtungen entwickeln, die nicht zur eigentlichen strategischen Ausrichtung passen. Oder warum sie Dinge bewerten, wie sie es tun. Wenn das der Fall ist, ist der Moment für die kritische Reflektion ihrer Rolle als Führungskraft gekommen: Lassen Sie Ihr Team regelmäßige Updates aus den Nachbarteams sowie vom oberen Management zukommen? Ordnen Sie die Aufgaben der Mitarbeiter in diesen Gesamtkontext ein? Und benennen Sie klar, welche Themen, Ziele und Schwerpunkte die kommenden Wochen, Monate und Jahre wichtig sind – oder gemäß Ihrem Wissen und Ihrer Einschätzung wichtig werden? Aufgaben wie diese sind eine wichtige Voraussetzung, um der Scharnierfunktion eines mittleren Managers gerecht zu werden.

Im Grunde sind mittlere Manager damit vor allem zuständig, die Mitarbeiter zusammenzubringen, die sie jeweils brauchen, damit ein gutes Arbeitsergebnis entstehen kann. Menschen mit Informationen und Menschen mit Kontakten zu anderen Menschen, die sich fachlich ergänzen (und auch, wenn sie das noch nicht selbst erkannt haben). Der Rest ist ein Selbstläufer.

Takeaway 11

Underdogs schaffen Kontext und übernehmen Informationslogistik

7.4 Das Team in seiner Eigenverantwortung stärken

»Je eigenständiger, umso schlagkräftiger«

Damit mittlere Manager nicht die gesamte Last für ihre Projekte selbst schultern müssen, brauchen Sie ein gutes Team hinter sich, das für die Arbeitsergebnisse selbst die Verantwortung übernimmt. Doch nicht jeder im Team tut sich leicht damit. Ein Vakuum an fehlender (Eigen-)Verantwortung zu akzeptieren und selbst auszufüllen, ist für Führungskräfte gefährlich. Sie werden damit zum Ausputzer, während ihr Team sich in der Komfortzone aufhält. Hier gilt: Rauskitzeln und Eigenverantwortung aktiv stärken.

So holen Sie Ihr Team aus der Komfortzone und stärken die Eigenverantwortung: Es braucht klare und eindeutige Verantwortlichkeiten, Konsequenz im Nachhalten und bei Nichterfüllung (trotz aller Ambitionen, auf gleicher Augenhöhe zu sein). Genausooft lesen Sie, dass das Team am besten ohne den Chef funktionieren muss und situative Führung – je nach Status und Stärke des jeweiligen Mitarbeiters – zum Standardrepertoire einer Führungskraft gehören sollte. Und dass wir besser von »Leadership« und »Enabeln« statt Führen und Kontrollieren sprechen. Wir werden an dieser Stelle nicht alle Ratschläge und Methoden ausführen. Im Grunde geht es um eine Kernbotschaft:

Machen Sie sich bewusst, je stärker und eigenständiger Ihr Team ist, umso mehr werden Sie es. Das verschafft Ihnen Raum und Kraft, die Maßnahmen der Veränderung auch auf die Straße zu bringen.

Eigenverantwortung stärken, Komfortzone verlassen

Eine Möglichkeit, Eigenverantwortung zu stärken, liegt in der Anwendung von OKRs, Kurzform für Objektive Key Results. Sie eignen sich deshalb für mittlere Manager, weil sie seiner Scharnierfunktion zwischen Unternehmensstrategie und dem Aufgabenfeld jedes einzelnen Mitarbeiters entsprechen. Denn hier werden individuelle Ziele und ihre Messbarkeit aus übergeordneten Unternehmens- und wiederum daraus heruntergebrochenen Teamzielen abgeleitet. Die Objektives geben an, wo man hin möchte, das Key-Result gibt an, wie der Fortschritt, der Nutzen oder die Wirkung gemessen werden können. Damit entstehen die OKRs nicht auf der grünen Wiese, sondern ergeben zusammengelegt ein großes Unternehmenszielbild – wie ein Mosaik. Die Kräfte im Unternehmen werden damit auf die wichtigen Fokuspunkte gebündelt und es fällt leichter Prioritäten zu setzen.

Gleichzeitig wird jedem Mitarbeiter transparent: Was ist mein Beitrag zu unserem Unternehmensziel? Und: Er wird er gefordert, Ziele in einem bestimmten Rahmen eigenverantwortlich umzusetzen. Wichtig: Das individuelle Ziel wird dabei gemeinsam erarbeitet, nicht von oben vorgegeben. Durch das Zusammenkommen in regelmäßigen Zyklen hat die Führungskraft gleichzeitig ein geeignetes Tool, Fortschritte zu erkennen und die Mitarbeiter zu fördern, die beim eigenverantwortlichen Bearbeiten noch Schwierigkeiten haben. Zudem trägt die OKR-Methode auch dazu bei, in konkreten Schritten vorwärtszukommen – und befördert damit auf das Ziel, dass wir in diesem Kapitel in der Überschrift formuliert haben.

Run the Business – develop the business

Eigenverantwortung stärken, bedeutet im Team, das Denken in zwei Dimensionen anzuregen: Auf der einen Seite, um das operative Tagesgeschäft am Laufen zu halten, auf der anderen Seite, um die eigene Weitentwicklung proaktiv planen – und diese keinesfalls von den Anforderungen des Daily Business auffressen zu lassen. Dass beides wichtig ist, dafür muss bei der eigenen Mannschaft erst einmal Verständnis geschaffen werden. Jeder Fachexperte, jede Abteilung schaut mit ihrem eigenen Fokus und Filter auf die Dinge. Jedes Rädchen ist wichtig – für den Gesamterfolg müssen aber auch mal Entscheidungen getroffen werden, die über diesen Sicht- und Bewegungsradius hinausgehen. Neben der Aufrechterhaltung und Verbesserung des Tagesgeschäfts, gilt es auch immer die strategische Weiterentwicklung zu forcieren. Diese Beidhändigkeit gegenüber der eigenen Mannschaft überhaupt bewusst und transparent zu machen, ist der erste Schritt diesen beiden Polen gerecht zu werden.

Beispiel: Beidhändig denken, strukturieren und reporten 1

Jens ist Marketing Director bei einem weltweit führenden Duty-Free-/Travel-Value-Anbieter und richtet Maßnahmen mit seinem Team in zwei Richtungen aus:

»Im Tagesgeschäft geht das Verfolgen der transformationsrelevanten Ziele häufig unter. Dabei ist beides gleich wichtig. Wir wenden für unsere quartalsweisen Retrospektiven eine klare Struktur an – und das sehr diszipliniert. Ein Tag widmet sich der Frage ›Run the business‹ – also der laufenden Operative. Ein Tag der Frage ›Develop the business‹. Hier wird der Blick ganz bewusst aufs große Ganze und die Zukunft gelenkt. Welche Skills braucht es, damit die Zukunft der Company gewährleistet ist? Diese Aufteilung macht die beiden Aufträge klar, denen wir uns als Unternehmen widmen müssen. Und macht es den Teams leichter, sich in beiden Dimensionen zu bewegen.«

Den Mitarbeitern wird durch die beiden Achsen »Run the business« und »Develop the business« deutlich gemacht, dass Erfolg zwei Komponenten hat. Nicht nur das Hier und Jetzt, sondern auch eine langfristige, zukunftsorientierte Perspektive. Und es wird deutlich, dass für das Erreichen dieser Perspektive der Wandel essenziell ist. Der Weg dorthin wird allerdings nicht von oben vorgegeben, sondern gemeinsam erarbeitet.

Beispiel: Beidhändig denken, strukturieren und reporten 2

Auch Stefanie, Leitung Marketing bei einem Telekommunikationsdienstleister, denkt beidhändig und hat sogar die Neustrukturierung ihres Bereichs unter genau dieses Motto gestellt:

»Bei der Neuausrichtung unseres Bereichs stand die Beidhändigkeit im Fokus. Einerseits wird von uns Dienstleistungserbringung erwartet. Umsetzung in Time, Budget und Qualität. Anderseits wollen wir Impulsgeber sein, unser Ohr an Daten und Trends haben – kurzum Zukunftsthemen treiben. Wie geht das zusammen? In dem wir uns dieser Ambidextrie bewusst machen und Abteilungen mit einem klaren Fokus aufstellen. Das hilft uns, sowohl der Operative als auch dem konzeptionellen, strategischen und zukunftsgerichteten Anspruch gerecht zu werden. Auch gegenüber den Mitarbeitern schaffte dieses Selbstverständnis zum ersten Mal Klarheit über unsere Identität, die sonst als widersprüchlich erlebt wurde, was sich nun aufgelöst hatte.«

Und wie kommt man innerhalb dieser beiden Dimensionen in angemessenem Tempo überhaupt vorwärts? Wie das Team in Veränderungen, ja Verbesserungen einbinden – ohne in zeitraubende, basisdemokratisch Abstimmungen zu verfallen? Wie Einbindung und Eigenverantwortung forcieren? Dabei hilft vor allem eine konkrete Technik: *»Thesen aufstellen, testen, regeln«*. So wird für alle nachvollziehbar, warum welche Entscheidungsfindung geschieht. In jedem einzelnen Schritt ist Partizipation möglich. Insbesondere durch das Testen ist auch immer ein Realitätscheck integriert, was die Akzeptanz und spätere Erfolgsquote einer Maßnahme schon im Vorfeld erhöht. Diese Technik eignet sich damit herausragend, das Team auf dem Weg aktiv einzubinden und damit die Akzeptanz der Maßnahmen zu erhöhen.

Beispiel: Thesen aufstellen, testen – und regeln

Charlotte, Vorstandsmitglied bei einem regionalen Energieversorger, beschreibt eine ganz simple Technik, die dabei hilft, konkrete Veränderungen anzumoderieren, auszuprobieren – und vor allem Ergebnisse zu verabschieden.

»Bewährt hat sich für die Einführung neuer, vor allem digitaler Arbeitsmethoden bei uns das Modell: ›Testen. Lernen. Regeln‹. Was ist damit gemeint? Zunächst starten wir immer mit einer These. Zum Beispiel mit der Folgenden, die wir während der Corona-Zeit aufgestellt haben: ›Die Nutzung von Microsoft Teams für Besprechungen führt zu mehr Augenhöhe. Sie ist hierarchieärmer, weil zum Beispiel kulturelle Artefakte weniger sichtbar, die Wege kürzer, die Kontakthürden niedriger sind‹. Dann überprüfen wir in einem Pilotzeitraum die These und stellen dazu eine Handlungssicherheit gebende Regel auf: ›Teams ist vorerst der neue Standard für größere Besprechungen‹.

Thesen wie diese lassen sich überall nutzen und herunterbrechen. Auf diese Weise haben wir konkrete Veränderungen in der Zusammenarbeit initiiert, ausprobiert und am Ende in einer großen, unternehmensweiten Retrospektive analysiert – und für die Zukunft geregelt. Wir schätzen diese Methodik für die Gestaltung partizipativer Veränderungsprozesse, an deren Ende ein konkretes Ergebnis (z. B. in Form einer Betriebsvereinbarung) stehen soll. ›Testen.

Lernen. Regeln.‹ schafft Raum für Ideen, Erkenntnisse und am Ende auch die nötige Sicherheit.«

Zusammengefasst: In der These steht das Ziel einer Verbesserung und eine Intention. Durch die Testphase ist die Verprobung und das Einbringen von Meinungen möglich. Und das Regeln schafft am Ende die Handlungssicherheit. So werden Entscheidungen transparent und die Akzeptanz dieser steigt.

Bei allem Streben nach Eigenverantwortung, bedeutet das, dass natürlich auch mal etwas nicht abgestimmt wurde und vielleicht sogar schief geht. Hier greift in den meisten Fällen eine schon lange bekannte Führungsweisheit: Stärken Sie ihrem Mitarbeiter genau dann den Rücken, springen Sie ihm zur Seite, statt ihn durchs Feuer gehen zu lassen. So können Sie sich der Unterstützung der eigenen Mitte sicher sein.

Anlässe jenseits des Business schaffen

Damit Mitarbeiter nicht nur eigenverantwortlich vor sich hinarbeiten, sondern auch eigenverantwortlich den Kontakt zu anderen sorgen, braucht es Anlässe: Ein monatliches Come-Together im Büro, eine gemeinsame After-Work-Veranstaltung, gegenseitige Hospitationen, interdisziplinäre Teams, 360 Grad-Feedback – es gibt viele Maßnahmen, die helfen, dass die Kommunikation auch untereinander gestärkt wird. Ähnlich wie bei unserem Gehirn, das von selbst beginnt, neue Synapsen zu bilden. Diese Synapsenbildung ist nicht Ihre Aufgabe allein – aber es ist Ihre Aufgabe, sie immer und immer wieder anzustoßen.

Takeaway 12

Underdogs stärken die Eigenverantwortung ihrer Mitarbeiter und ihnen zugleich den Rücken.

8 Die Anforderungen an sich selbst

»Selbst ein spitzer Stein bleiben.«

Für die Anwendung der in Kapitel 5, 6 und 7 beschriebenen Strategien, kommt es auf ganz persönliche Eigenschaften an. Als mittlerer Manager verlangt man Ihnen einiges an Skills ab. Unterm Strich steht die Frage: Was braucht eine wandlungsbereite Organisation für Menschen in ihrer Mitte? Und: wie bleiben die Mitarbeiter die spitzen Steine, die das Unternehmen für den Wandel braucht – auch wenn das Wasser sie umspült? Oder anders formuliert: Wie vermeiden mittlere Manager betriebsblind und träge zu werden?

Mittlerer Manager in Zeiten wie diesen zu sein bedeutet: die Transformation von Unternehmen mitzugestalten – und dafür zu sorgen, dass Lücken, die über, unter oder neben Ihnen bestehen, zu schließen und sicherzustellen, dass gemeinsam in eine Richtung gearbeitet wird. Menschen mitnehmen, Niederlagen verkraften, Widersprüche aushalten und trotz Tagesgeschäft, das in der Regel parallel läuft, nicht den Mut und Biss zu verlieren, ein scharfer Stein zu bleiben. Eine Herausforderung, je länger das Wasser eines Unternehmens Sie selbst umspült. Wie stellt man sicher, nicht selbst zu dem zu werden, was man doch eigentlich verbessern möchte?

Deshalb widmen wir den Anforderungen an die Persönlichkeit von Underdogs auf den nächsten Seiten ein eigenes Kapitel. Von den konkreten Eigenschaften über Mut als Grundvoraussetzung – bis hin zum Saumagen, der uns Rückschläge verdauen lässt.

8.1 Von Empathie bis Adaptivität: Trainieren Sie die Eigenschaften, die Sie brauchen.

»Je wilder die Zeiten, umso wichtiger: Ihre eigene Stabilität.«

Die innere Mitte finden. Das, was Yoga-Lehrer als Ratschlag für stürmische Zeiten mit auf den Weg geben, lässt sich auch auf Unternehmen übertragen. Soll heißen: Wenn »oben« und »unten« Unsicherheit und Chaos verspüren oder gar selbst versprühen, ist es an der inneren Mitte – also dem mittleren Management – sich davon nicht anstecken zu lassen. Anstelle Druck von oben nach unten einfach weiterzureichen, geht es darum Besonnenheit auszustrahlen. Welche Eigenschaften braucht es dafür? Wie lassen sich diese trainieren? Und wie sehen konkrete Bewältigungsstrategien für die VUCA- und BANI-Welt aus, von denen wir Sandwichmanager lernen können?

Es gibt nicht die eine Lösung, wie wir mit der Unsicherheit und dem Chaos unserer heutigen Zeit umgehen können. Umso wichtiger ist deshalb unser Persönlichkeitsprofil. Denn das ist es, was Reaktionen, Antworten und Strategien, die wir finden, beeinflusst. Und weil es eben nicht die eine pauschale, richtige Antwort gibt, braucht es viel mehr die Fähigkeiten, auch unter schwierigen Bedingungen besonnene Entscheidungen zu treffen oder einzufordern.

Unsere Eigenschaften sind die Antwort

Der Literatur ist es in Ansätzen bereits gelungen, konkrete Prinzipien zu definieren, wie wir den Herausforderungen der VUCA und BANI-Welt angemessen begegnen können. Eigenschaften, die zum Persönlichkeitsprofil von uns allen gehören sollten, es aber eben nicht immer tun. Genau deshalb sollten Sie im mittleren Management bewusst überprüfen und reflektieren, wie es um die Ausprägung dieser Eigenschaften bei Ihnen selbst bestellt ist. Idealerweise bringen Sie einige Grundvoraussetzungen mit, da Sie sich bewusst mit Ihrer Rolle auseinandersetzen. Sonst hätten Sie vermutlich nicht zu diesem Buch gegriffen.

Stefan Grabmeier leitet als notwendige Eigenschaften, die es braucht, der BANI-Welt zu begegnen die folgenden Eigenschaften ab:

- *»Brüchiges erfordert Belastbarkeit und Resilienz«*
- *»Angst braucht Empathie und Achtsamkeit«*
- *»Nichtlineares bedarf Kontext und Adaptivität«*
- *»Unverständliches verlangt nach Transparenz und Intuition«*

Was bedeuten diese Begriffe im Kontext von Transformationsprozessen? Nähern wir uns dem am besten über eine beispielhafte Konkretisierung.

Belastbarkeit	Auf mittlere Manager strömen jeden Tag tausende Informationen ein. Sie müssen also viele Bälle gleichzeitig in der Luft halten und sollten dabei nicht nervös werden. Unangenehme Situationen aushalten und manchmal durchs Feuer gehen – auch für andere.
Resilienz	Immer wieder aufstehen. Das, was wir nicht verändern können, auch einfach mal abprallen lassen können. Und am nächsten Tag trotz Rückschlägen wieder oben auf sein: Mittlere Manager brauchen eine starke Hülle, damit nicht jede Breitseite voll auf sie durchschlägt.
Empathie	Veränderung erzeugt Ängste: Es braucht Fingerspitzengefühl, neue Themen zu platzieren und die Dinge aus der Sicht anderer einzuschätzen. Kurzum: Es geht darum, das Gegenüber dort abzuholen, wo es steht. Und dazu gibt es reichlich Gelegenheit: Mittlere Manger führen jeden Tag viele Gespräche – und stellen sich auf jeden Gesprächspartner neu ein.

Achtsamkeit	Veränderungen und Tendenzen erkennen, lange bevor sie offensichtlich sind: Mittlere Manager haben feine Antennen. Das gilt für Trends am Markt ebenso wie für die Stimmung im Unternehmen. Ein Ohr am Flurfunk und manchmal auch ein Ohr für die eigenen Bedürfnisse hilft.
Kontext	Transformation ist komplex: Beim Treffen von Entscheidungen sollten Abhängigkeiten durchdacht und transparent gemacht werden. Natürlich gibt es keine Garantie auf Vollständigkeit, aber der Anspruch Prozessketten und Auswirkungen des eigenen Handelns zu durchdenken, ist ein guter Anfang.
Adaptivität	Von einer Sekunde auf die andere neue Prioritäten setzen – Adaptivität bedeutet sich auf die äußere Umwelt und neue Erkenntnisse neu einzustellen. Jeden Tag. Auch wenn liebsame Gewohnheiten oder über Jahre etablierte Arbeitsschritte dafür aufgegeben werden müssen.
Transparenz	Wer Dinge verbessern will, braucht Information: Mittlere Manager sammeln, bewerten und teilen diese. Sie bringen Wissen und Mensch zusammen und erarbeiten sich so viele Puzzlestücke wie nur möglich.
Intuition	Trotz Zahlen, Daten, Fakten – nicht alles ist damit vorhersehbar. Der innere Kompass wird immer wichtiger – auch wenn die Intuition im Business Kontext als Argumentationshilfe bislang wenig Anerkennung erfährt.

Wir können die Welt um uns herum in ihrer Unsicherheit also nicht verändern, aber wenn wir konkrete Eigenschaften mitbringen, fällt es uns leichter mit dieser Welt umzugehen. Es geht nicht darum, in jeder Disziplin exzellent zu sein. Viel mehr um ein Bewusstsein für die Eigenschaften, die Sie bei sich beobachten und trainieren sollten – und an denen Sie sich selbst messen können.

Beispiel: Empathie statt 1-fits-All-Lösung

Elisabeth, Head of Business Process Management bei einem internationalen Hersteller von Maschinen für Industrieautomation, beschreibt Empathie als Eigenschaft Nummer 1 für mittlere Manager:

»Mein wichtigstes Learning: Es gibt kein One fits All. Keine Lösung, die für alle passt. Stattdessen gilt es, sich immer wieder von Neuem auf alle seine Gesprächspartner einzustellen. Empathie ist da für mich eine der essentiellen Eigenschaften. Es fühlt sich manchmal ein bisschen wie Schachspielen an. Man muss vorhersehen: Wo können Ängste und Resistenzen aufkommen? Was geht in den anderen vor? Was bewirkt die Veränderung und wie könnte sie oder er reagieren? Wie kann ich schon im Vorfeld etwas aus dem Weg räumen und verhindern, jemanden vor den Kopf zu stoßen. Ohne diese Gedanken wird Veränderung scheitern.«

Am Ende sind es also konkrete Skills, die als maßgebliche Kriterien bei der Auswahl neuer Führungskräfte und derer, die Veränderung in Unternehmen treiben, angelegt werden sollten. Und gleichzeitig wundert es bei der Summe an Anforderungen auch nicht, wenn immer weniger junge Menschen bereit sind und Interesse haben, den Karriereweg der Führungskraft einzuschlagen. Denn sich der eigenen Skills bewusst zu werden und an ihnen zu arbeiten, ist eine intensive Aufgabe. Wir bekommen ungern eigene Schwächen vor Augen geführt – als mittlerer Manager kann man das jedoch nicht umgehen, man muss sich den Schwächen stellen – und an sich arbeiten. Aber genau das ist es, was uns wachsen lässt – und das sogar über den Beruf hinaus.

Beispiel: Krisenfestigkeit und Resilienz kann man lernen

Jens, Marketing Director bei einem weltweit führenden Duty-Free-/Travel-Value-Anbieter, macht Mut. Denn Krisenfestigkeit und Resilienz kann man lernen:

»Transformation und Krise sind eng miteinander verwoben. Die gute Nachricht: Auch Krisen kann man lernen. Es sind die Extremsituationen, die uns formen und uns selbst trainieren, auch bei stürmischer See besonnen zu bleiben. Wieder eine Chance an Seniorität und Souveränität zu gewinnen. Wenn es besonders schmerzhaft wird, hilft es vielen, Funktion und Person zu trennen: ›Ich bin in der Funktion eines Krisenmanagers hier, der zum Beispiel ein unangenehmes Gespräch führen muss. Diese Aufgabe ist Teil meiner Funktion, die ich professionell ausfüllen möchte.‹ Mir hat das Bewusstmachen dieses Umstands in krisengeplagten Momenten immer geholfen. Weg vom Ich – hin zur Rolle.«

Von der Kraft der Authentizität

Neben den zuvor genannten Eigenschaften, die uns helfen, mit unberechenbaren Rahmenbedingungen umzugehen, gibt es zwei Punkte, die mittleren Managern helfen, Akzeptanz, Vertrauen und Gefolgschaft zu erreichen. Gemeint ist zum einen Authentizität. Wer nur aus dem Lehrbuch zitiert oder Dinge sagt, von denen er denkt, dass man sie sagen muss, wird schnell durchschaut. Authentizität lässt sich dabei zwar schwer messen, aber es gibt ein Merkmal, das sie stärkt und zugleich begreifbar macht: Glaubwürdigkeit. Menschen merken oft, ob jemand nur inhaltsleere Parolen ausruft, oder ob er gemeinsam mit Ihnen wirklich etwas bewegen und verändern möchte. Je ernster ein mittlerer Manager sein Vorhaben nimmt, umso glaubwürdiger und damit authentischer wirkt er. Trifft Authentizität zudem noch auf Charisma – also die Fähigkeit, andere zu inspirieren und mitzureißen, haben wir die Elemente für eine starke Führungskraft beisammen. Und damit auch durchaus gute Neuigkeiten: Sich und seine Fähigkeiten weiterzuentwickeln, bedeutet also nicht, sich zu verstellen oder jemand anderes zu werden. Authentizität ist und bleibt eines der zentralen Merkmale für einen erfolgreichen (Sandwich-)Manager.

Beispiel: Authentizität zählt

Jens ergänzt seine Ausführungen um sein persönliches Erfolgsgeheimnis.

»Einer der wichtigsten Erfolgsfaktoren? Für mich: Authentizität. Man merkt, ob er oder sie wirklich an etwas glaubt. Eine der wichtigsten Eigenschaften an einen Leader ist für mich daher Authentizität. Echt und man selbst bleiben und für Eindeutigkeit und Transparenz stehen. Insbesondere in Krisen und heiklen Momenten kann dies Verbindlichkeit und Vertrauen schaffen.«

8.2 Mut

»Bereit einzustehen für das, was man für richtig hält.«

In Kapitel 6 haben wir sie beschrieben und heraufbeschworen: Die perfekte Welle. Jetzt entscheidet sich: Wer ist mutig genug, sich ins kalte Wasser zu stürzen? Und wer macht sich lieber nicht die Füße nass? Es braucht Mut, um Veränderung anzustoßen, zu begleiten und durchzuhalten. Oder anders gesagt: Ein mutiges Herz gehört ebenso zum idealtypischen Profil eines mittleren Managers. Doch was heißt das?

Vieles von dem, was wir auf den vorausgegangenen Seiten geschrieben haben, ist nicht viel wert, wenn diese Punkte nicht mit dieser Sache in Beziehung stehen: mit Mut. Ganz gleich, ob es darum geht, Prinzipien der Schattenorganisation anzuwenden, Krisen für entscheidende Themen zu nutzen, die Kommunikation in Richtung Vorstand richtig zu dosieren oder im Sinne der Follower-Gewinnung einfach mal voranzuschreiten. Ohne Mut, diese Dinge nicht nur zu kennen, sondern auch umzusetzen, sind alle Taktiken wertlos.

Was bedeutet Mut eigentlich?

Der Duden definiert Mut wie folgt:

Mut, *Substantiv, maskulin* [der], Bedeutungen:

- a) Fähigkeit, in einer gefährlichen, riskanten Situation seine Angst zu überwinden; Furchtlosigkeit angesichts einer Situation, in der man Angst haben könnte.
- b) [grundsätzliche] Bereitschaft, angesichts zu erwartende Nachteile etwas zu tun, was man für richtig hält.

Übertragen auf Transformation bedeutet Mut, sich auch herausfordernden Situationen zu stellen – ganz bewusst. Weil man für etwas einsteht, das man für richtig hält. Auch mal Dinge auszusprechen, die unbequem sind. Sich als erstes ins Unbekannte zu stürzen. Neue Pfade zu erkunden. Und vor allem: sich selbst herauszufordern.

Beispiel: Von der Fähigkeit, sich selbst herauszufordern

Markus, ein ehemaliger Geschäftsführer bei einer führenden Onlineplattform mit dem Schwerpunkt Mobilität, appelliert daran, sich selbst zu »challengen«:

»Der wichtigste Ratschlag, den ich meinen Führungskräften immer gegeben habe und an dem ich mich selbst ausrichte lautet: Immer wieder den Status quo und sich selber challengen (lassen). Egal wie weit man am Ende auch kommt. Das sind wir uns selbst schuldig. Warum werden Sachen gemacht, so wie sie gemacht werden? Wie kann man das, was man tut, schneller oder besser tun. Oder macht man mit seiner Zeit überhaupt das richtige und müsste man diese nicht für ganz andere Dinge nutzen. Ich kann nur an alle appellieren, nicht nur die kleinen Dinge anzugehen, sondern sich selbst jeden Tag neu kritisch zu hinterfragen – und sein Team zu motivieren, das gleiche zu tun. Kurzum: eine mutige Transformationskultur aufbauen, die einen sicheren Raum schafft, auch grundlegende Dinge auszusprechen und anzugehen.«

Ergänzt sei: In den durchaus schwerwiegenden und Mut erfordernden Aufgaben liegt ein echter Benefit: Stellen Sie sich vor, Sie arbeiten bei einem Unternehmen, in dem alles perfekt ist. Als Führungskraft wären Sie nur Verwalter. Es sind die herausfordernden Settings, die Aktion erfordern – und damit gestalterische Tätigkeit erst möglich machen. Bei aller Widrigkeit von Situationen, die wir im Business-Umfeld erleben, in so vielen liegt die Chance, es besser zu machen. Die Opferrolle und nur darüber zu lamentieren, was wir bräuchten und dass es von niemanden angegangen wird, steht im Jahr 2023 niemanden mehr gut. Was heißt das für mittlere Manager in der Praxis? Es ist liegt an jedem Einzelnen, Chancen zu erkennen – und die Bereitschaft zu entwickeln, Veränderung nicht zu torpedieren, sondern selbst zu forcieren. Mutig und mit aller Konsequenz. Sich nicht in ein mangelhaftes System still einzufügen, sondern das Beste daraus zu machen. Dennoch: Ohne Legitimation von oben haben diese Veränderungen keine dauerhafte Chance auf Erfolg, so sehr Sie sich auch anstrengen.

Und noch eine bittere Nachricht: Mit Sicherheit gibt es Mannschaften aus mittleren Managern, mit denen sich als Unternehmensleitung kein Wettkampf gewinnen lässt. Wo Bequemlichkeit statt Mut vorherrscht, da hilft der beste Ratschlag aus diesem Buch nichts – oder wenn alle davonlaufen und nur auf den eigenen Vorteil bedacht sind, wenn es mal unangenehm wird. Auch das müssen wir an dieser Stelle offen aussprechen.

Deshalb beschließen wir dieses Kapitel mit einem konkreten Appell: Trauen Sie sich, einfach mal ins kalte Wasser zu springen und probieren Sie – falls noch nicht erfolgt – für Ihre Veränderungsvorhaben auch mal die eigene Komfortzone zu verlassen. Wir können Ihnen nicht versprechen, dass es sich lohnt. Aber wir können Sie ***ermutigen***, es zu tun. Eine oder einer muss den Anfang machen.

Dauerhaft gefordert

Kurze Vorwarnung: Je schwerer der Boden ist, den Sie beackern – umso mehr Steine bekommen Sie in der Regel zusätzlich in den Weg gelegt. Es kann sein, dass einige gar nicht möchten, dass Sie Ihre Ziele erreichen. Andere setzten vielleicht so viel Vertrauen in Sie und erwarten, dass Sie auch jede noch so komplexe Aufgaben lösen. Das kann ein Kompliment und zum nächsten Schritt auf der Karriereleiter führen. Es kann aber auch sein, dass da jemand Ihre Fähigkeiten einfach nur das ausnutzen will. Und während Sie selbst im Blaumann sich gerade erst die Hände sauber machen und sich die Wunden der beschwerlichen Arbeit der letzten Tage, Wochen, Monate oder Jahre lecken, lassen sich andere schon für das blitzeblanke Ergebnis feiern. Auch das sind die Momente, in denen Sie eines nicht verlassen sollte: Der Mut, durchzuhalten – so lange Sie an das, was Sie sich vornehmen, selbst glauben.

Beispiel: Vom Mut, langfristig zu denken

Jens ergänzt dazu:

»Ich habe das Glück in einem Familienunternehmen zu arbeiten. Wir denken in Generationen, nicht in Quartalen. Das Leitbild des Unternehmens ist auf die nächsten zehn Jahre ausgerichtet. Auf dieses Leitbild kann ich mit der Gestaltung meines Bereichs einzahlen. Mit diesem Zeithorizont kann man wirklich tiefgreifende Veränderungen gestalten und trägt nicht nur Kosmetik auf. Mir ist bewusst, in anderen Unternehmen ist das anders. Langfristig denken bedeutet, nicht auf jeden Zug aufzuspringen. Auch das kann Mut erfordern.«

8.3 Vom Zusammenspiel aus Kopf, Herz und Bauch

»Die Organe des Underdogs «

Mut allein bringt uns in einer chaotischen Welt allein nicht weiter. Es braucht auch Analytik, Herzblut, Intuition – und die Fähigkeit, das ein oder andere zu verdauen. Wenn wir uns also den perfekten Transformations-Manager backen müssten, sind es vor allem drei Dinge, die ihn auszeichnen: Kopf, Herz und Bauch.

In diesem Kapitel werfen wir einen Blick auf die übertragenen Organe, mit denen Sie ausgestattet sein sollten – und die in den Unternehmen da draußen bei weitem nicht selbstverständlich sind.

Der Kopf für die Analyse

Natürlich sind ausgeprägte analytische Fähigkeiten notwendig, um überhaupt zu verstehen, wo in Unternehmen der Schuh drückt und wo konkreter Transformationsbedarf besteht. Dieser analytische Bick ist vor allem dann wichtig, wenn alle anderen ihn zu verlieren drohen. Vorsicht: Das kann in Unternehmen insbesondere in Zeiten des Wandels häufig passieren. Denn jede Veränderung führt zu Unsicherheit und damit zur Überforderung. Und wenn wir uns überfordert oder in die Ecke gedrängt fühlen, neigen wir zu Kurzschlussreaktionen. Die Folge: Kopflose, übereilte Entscheidungen, Aktionismus-Maßnahmen, die langfristige Strategien torpedieren. Und jede Menge Geld- und Ressourcenverschwendung. Deshalb – und auch wenn es den anderen um Sie herum nicht gelingen mag: behalten Sie im Chaos einen klaren Kopf.

Beispiel: Fakten vor Gefühl

Alexandra ist Head of HR bei einem internationalen IT-Dienstleister. Ihr hilft der Fokus auf Dinge, die man sichtbar machen und messen kann:

»Wenn alle anderen sich in ›Gefühlen‹ verlieren, ist es wichtig, den Blick wieder auf die harten Fakten zu legen: Wo stimmen die KPIs – wo nicht? Ich kann über Zahlen nachweisen, dass die Produktivität unseres Recruitings im letzten Jahr um 25 Prozent gestiegen ist. Das belegen die konkreten Einstellungen. Wenn mein Vorgesetzter mir darauf antwortet ›Aber gefühlt ist es anders‹, bleibe ich ratlos zurück. Insbesondere, wenn das Management emotional und aktionistisch unterwegs ist, ist es an uns Führungskräften, die Wahrheit in Zahlen zu suchen und eine vage Emotion zurück auf die Sachebene zu führen.«

So wie dieses Buch mit einer Anamnese beginnt, sollten Unternehmen mit einer Bestandsaufnahme starten: Analysieren Sie zunächst das Setting, in dem Sie arbeiten. Wie gesund und stabil ist es? In Bezug auf heute und perspektivisch? Was hindert Sie? Und was bräuchte es stattdessen? Beim Erkennen von Möglichkeiten, Transformation in Ihrem Unternehmen anzugehen, hilft es, einen Blick auf Themengebiete zu werfen, die über Ihren aktuellen Verantwortungsbereich hinaus gehen: Welche dieser Felder liegen aktuell brach, wären für den zukünftigen Erfolg aber wichtig anzugehen? Gerade, weil mittlere Manager, wie in Kapitel 1 konstatiert, einen freieren Blick auf die Dinge haben – weniger von Risiken und Regulatorik als von der Praxis getrieben. Sie können auf die Dinge freier gucken. Statt von oben schauen Sie aus der Mitte drauf – das verzerrt nicht. Und dafür braucht es noch nicht einmal besondere Methoden.

Aber Analysefähigkeit allein reicht heute nicht aus. Die Welt ist so unberechenbar geworden, dass wir trotz Datenmodellierung nicht vor Momenten der Disruption geschützt sind. Die Erfahrung, dass wenn ich Plan A verfolge auch Ergebnis B herauskommt, ist nicht mehr gesichert – und das andere Ergebnis von heute kann morgen noch wieder ganz anders sein. Wir brauchen die Analytik also in erster Linie für die Bewertung des Status quo. Als nüchterner Blick auf Fakten und Ruhepol in emotionalen Diskussionen.

Das Herz für den Antrieb

Transformation und Emotion sind also miteinander verbunden. Stellen Sie sicher, dass Sie hinter Ihren Transformationsvorhaben zu 100 Prozent bewusst stehen – kurzum ihr eignes Herzblut jeden Tag spüren – und andere spüren lassen. Auch das stütz die Glaubwürdigkeit, die wir bereits in Kapitel 8.1 als Erfolgsfaktor identifiziert haben.

Einen guten Job werden Sie nur dann machen können, wenn Sie mit dem Herzen dabei sind. Und wenn dieses Herz im Takt mit und für die Organisation schlägt. Ein Umstand, der leider nicht für alle in einem Unternehmen gilt. Nicht jedem Akteur geht es vorrangig um die langfristige Entwicklung eines Unternehmens – einige sind auf kurzfristige Erfolge aus und opfern ganze Organisationen für einen Push der eigenen Karriere.

Der Bauch fürs Gefühl

Für die Umsetzung von Veränderung brauchen Sie Antennen für die zwischenmenschlichen und sich kurzfristig ändernden Konstrukte. Neben der Analytik – unserem Kopf – und dem Herz für die richtige Intention braucht es daher auch den Bauch. Genauer gesagt: Das Bauchgefühl und seine Intuition. Es sagt Ihnen, welche Themen Sie angehen und welche Sie lieber liegen lassen, wem Sie vertrauen und wem besser nicht. Und welche harmlose Situation eigentlich viel mehr bedeutet als es auf den ersten Blick bedeuten kann. Bauchgefühl kann man nicht messen, aber man kann ihm trauen. Es hilft Ihnen auch zu entscheiden, wann Sie welche Taktik aus Kapitel 5, 6 und 7 hervorholen – und wann besser nicht.

Der Saugmagen fürs Aushalten

Und noch ein Organ, neben dem Herz, braucht es für Underdogs: Den Saumagen. Wenn Sie für andere die schweren Brocken aus dem Weg räumen, heißt das nicht, dass Sie anschließend auch dafür gefeiert werden. Die Dosis hinsichtlich Lob und Wertschätzung ist sehr volatil – und manchmal geht sie gegen null. Mal dankt man Ihnen aufrichtig vor versammelter Mannschaft, manchmal wird man Sie noch nicht mal erwähnen oder einbeziehen, obgleich Sie Initiator, Treiber oder Hauptverantwortlich sind für das Thema, oder die ganze Transformation. Und manchmal wird man sie auffordern zu lächeln, obwohl Ihnen alles andere als nach Lächeln ist. Gewissermaßen einen »Saumagen« zu haben, der das alles verdauen kann, macht es Ihnen leichter, solche Umstände sowie Rückschläge, die sich auf dem Weg Richtung Veränderung nicht vermeiden lassen, durchzustehen.

Reiben Sie sich nicht an jedem dieser Dinge auf. Es würde Sie zu viel Kraft kosten. Entscheiden Sie, welchen Unrat sie einfach vorbeischwimmen lassen – bzw. um im Bild zu bleiben, stillschweigend verdauen. Wenn Sie zum Beispiel anderen das Rampenlicht überlassen, das Sie verdient hätten. So bleibt Energie dafür, in den wirklich entscheidenden Momenten auch mal ein deutliches Veto einzulegen – und das Rampenlicht einzufordern. Kurzum: Managen Sie Ihre Erwartungen: Transformationsprozesse laufen nie glatt über die Bühne und alle Akteure tun sich mitunter schwer damit. Das zu akzeptieren, macht es leichter.

9 Die Grenzen der Underdogs

»Vieles hilft, vieles geht – aber nicht alles.«

Es gibt – wie zurückliegend beschrieben – konkrete Taktiken, wie Führungskräfte und Vertreter des mittleren Managements selbst Veränderung unterstützen, manchmal sogar initiieren und konkrete Transformationsprojekte vorantreiben können. Wir haben mehr Freiraum als wir ahnen – müssen nur schlau genug sein, ihn zu erkennen, mit dem Freiraum und Wissen anderer zusammenzulegen und zu nutzen. Dann gelingt es auch die Unterstützung der Belegschaft, anderer Führungskräfte und des Topmanagements zu gewinnen. So können Veränderungen über die eigene Abteilung hinaus Wirklichkeit werden. Doch letztlich haben diese Strategien alle ihre Grenzen.

Ganz gleich wie viel Freiraum sich ein mittlerer Manager erkämpft, wie viele Initiativen er umsetzt, wie stark und bemüht er Menschen und ihr Wissen übersetzt und synchronisiert – die Frage, ob ein Unternehmen langfristig erfolgreich ist, hängt unterm Strich weiter vom Topmanagement ab. Eine Studie von Porsche Consulting beschreibt, dass in Unternehmen, die sich erfolgreich verändert haben, in rund 80 Prozent aller Fälle die Vorstandsvorsitzenden oder Geschäftsführer aktiv involviert waren. Bei gescheiterten Transformationsprozessen nur 25 Prozent von ihnen (Deters, 2023). Zu viele Entscheidungen werden vom Topmanagement getroffen, und es hat zu viel Einfluss im Unternehmen, so dass sich ein Versagen an dieser Stelle anderweitig schwer ausgleichen lässt.

Abhängigkeit gegeben
Sie können im mittleren Management noch so viel Gas geben – wenn sich das Topmanagement auf keine klare Positionierung einigen kann und in Aktionismus verliert oder wirtschaftlich bedenkliche Entscheidungen trifft, werden Ihre Anstrengungen langfristig verpuffen. Sie agieren im mittleren Management also immer in einer Form der Abhängigkeit. Beispiel: Wer nicht weiß, wo ein Unternehmen hinmöchte, tut sich schwer eine Strategie für seine eigene Abteilung bzw. Bereich herunterzubrechen bzw. Mitarbeiter beim Entwickeln und Nachhalten von OKR-Zielen zu assistieren.

Bei einem Versagen des C-Levels bräuchte es eine geschlossene Allianz des mittleren Managements. Doch dafür sind die Strukturen in Konzernen in der Regel nicht ausgelegt. Silo- und Konkurrenzdenken verhindern in der Regel Allianzen auf einer wirklich breiten Ebene. Es fehlen Formate, die zur Vernetzung beitragen. Und bei weitem ist nicht jeder Vertreter des mittleren Managements fähig oder willens, dieses Versagen an anderer Stelle zu benennen oder aufzufangen.

Beispiel: Wo die Strategieentwicklung erfolgt

Markus, ein ehemaliger Geschäftsführer einer Onlineplattform im Mobilitätsumfeld, sieht das oberste Management als die wichtigsten Treiber und Impulsgeber der Transformation:

»Das Team auf dem Weg zur Definition unseres Purpose eng mitzunehmen und einzubinden war einer der wichtigsten Erfolgsfaktoren. Ich bin dennoch überzeugt: Die Entwicklung der Strategie muss von oben angestoßen und getrieben werden. Bei uns haben wir Transformation in dreifacher Hinsicht durchlaufen. Unsere Produkte ausgebaut, unser Selbstverständnis neu definiert – und unsere Leadershipkultur verändert. Zu Beginn meiner Karriere mussten Entscheidungen zu diesen Themen noch alle über meinen Tisch. Das habe ich geändert, und das war auch teilweise schmerzhaft – aber ist im Endeffekt der einzige Weg zum Ziel. Die Verantwortung für die Definition und Priorisierung dieser 3 Transformations-Strategien sehe ich bei uns im obersten Management. Wir sind Impulsgeber für die Richtung. Doch wie dieses Ziel erreicht wird, das können und sollen die Teams am besten eigenständig definieren.«

Und was ist mit der eigenen Karriere?

Bevor wir Teil 2 mit einer Zusammenfassung beschließen, seien noch einige Sätze zu Ihrer eigenen Karriere gesagt. Wer denkt, dass er sich insbesondere dann für einen Vorstandsposten qualifiziert, wenn er selbst Transformation im Unternehmen schon angestoßen hat, sollte sich da nicht zu sicher sein. Wie in Teil 1 beschrieben, bleibt der Vorstand gerne unter sich – oder zumindest unter Begleitern, die beherrschbar und formbar wirken. Transformation hingegen bedeutet, wie in Teil 2 aufgeführt, sich auch einmal die Hände schmutzig zu machen. Da gehen auch Sachen schief. Und Sie müssen temporär unangenehm werden, um für Ihre Überzeugung und Ideen zu kämpfen. Damit kann es passieren, dass Sie sich für eine Position im Topmanagement sogar disqualifizieren.

10 Zwischenfazit Teil 2

»Im falschen System das Richtige tun«

Fassen wir dieses Kapitel zusammen. So machen mittlere Manager kurz- und mittelfristig das Beste aus dem Umfeld. Für sich, aber insbesondere fürs Unternehmen.

- **Mit guten Intentionen**
  Transformation aus dem mittleren Management beginnt mit der einfachen Frage: »Wie kann ich auch in Umfeldern, die sich dysfunktional anfühlen, etwas vorwärts bringen und einen guten Job machen?«. Ebenso entscheidend: Das Erkennen des richtigen Moments, um Maßnahmen vorzuschlagen, vorzustellen und durchzubringen.
- **Mit Taktik und wohldosierter Kommunikation**
  Ergebnisse in der richtigen Währung darstellen, Themen auch mal kleiner machen als sie sind oder »einfach mal machen«– situativ sind verschiedene Strategien gefordert. Allen gemeinsam: Veränderung »snackable« machen und beherrschbarer, aber auch messbarer wirken lassen.
- **Mit überzeugten Mitstreitern**
  Transformation ist Teamwork: Wer als mittlerer Manager nachhaltig etwas vorwärtsbringen will, muss die Eigenverantwortung des Teams stärken, First Follower gewinnen und Allianzen auf mehreren Ebenen schmieden. Nur so besteht die Chance, aus einer einzelnen Welle eine ganze Wellenbewegung zu erzeugen.
- **Mit diesen Eigenschaften**
  Mittlere Manager trainieren ihre Belastbarkeit, Resilienz, Empathie, Achtsamkeit, Intuition und ihren Mut. Sie geben Kontext und Transparenz und lernen sich an Situationen immer wieder neu anzupassen.

Darüber hinaus haben wir 12 konkrete Takeways abgeleitet, die mittleren Manager als Reminder und Hilfestellung in der täglichen Arbeit dienen:

Alle 12 Takeaways zusammengefasst

Voraussetzungen

- Underdogs bringen die Intention mit, einen guten Job zu machen.
- Underdogs scheuen sich nicht vor schweren Brocken.
- Underdogs surfen die Welle, wenn sie kommt.
- Underdogs stellen das Ziel über den Weg.

Überzeugungs- und Gewinnungsstrategien

- Underdogs finden einen Anfang – und testen aus, was funktioniert.
- Underdogs managen die Kommunikationsdosis ihrer Veränderungsinitiativen.
- Underdogs geben anderen das Gefühl, im Lead zu sein – halten aber selbst die Zügel weiter in der Hand.

- Underdogs übersetzen Erfolge in die entscheiden Währung – und schaffen Sichtbarkeit, wenn es sie braucht.

Begeistern und entwickeln von Mitstreitern

- Underdogs entzünden Feuer bei anderen – anstatt einsam auszubrennen.
- Underdogs multiplizieren ihren Aktionsradius, wenn sie Freiräume und Wissen zusammenlegen.
- Underdogs schaffen Kontext und übernehmen Informationslogistik.
- Underdogs stärken die Eigenverantwortung ihrer Mitarbeiter und ihnen zugleich den Rücken

Welche Thesen können wir darüber hinaus aus Kapitel 2 ableiten?

Underdogs können viel anstoßen, verändern, übersetzen und zusammenbringen – bleiben aber abhängig vom Umfeld und können Dysfunktionen auf breiter Ebene nicht allein ausgleichen. Ein echter Schulterschluss in der Zusammenarbeit zwischen allen Ebenen würde einige der beschriebenen Taktiken obsolet und unnötig machen.

Gleichzeitig liegt in der Anwendung der in Teil 2 beschriebenen Methoden mehr als nur das Zurechtkommen im Status quo. Wem die Anwendung dieser glückt, der stellt unter Beweis, dass er anspruchsvollen Transformationsaufgaben gewachsen ist. Damit qualifiziert man sich auch zukünftig für entsprechende Tätigkeiten. Aber vor allem: Es wird leichter, Veränderungen größerer Dimensionen herbeizuführen, wie wir sie im folgenden Teil 3 darstellen. Bisher erreichte Erfolge sorgen für Glaubwürdigkeit, Vertrauen und das Forum, überhaupt Gehör und Diskussionszugang zu finden.

Und vielleicht klappt es dann ja doch noch mit der eigenen Karriere. Sei es weil genau diese Diskussionen zu einem Change in Mind- und Heartset in Unternehmen führen oder mittlere Manager in ihrer Rolle konkrete Aufwertung erfahren.

Teil 3: Der Perspektivwechsel – mit dem 3C-Modell Unternehmen dauerhaft transformationsfähig aufstellen

»Vom Underdog zum Capcoach.«

Die in Teil 2 beschriebenen Techniken helfen transformationsbeschleunigende Initiativen und Maßnahmen Auftrieb zu verleihen – auch in Umfeldern, die sich als transformationsfeindlich beschreiben lassen. Damit können Sie im Kleinen große Dinge voranbringen. Ganz gleich, ob Sie schon länger bei einer Firma sind oder von außen neu geholt wurden. Diese Techniken sind aber nur Pflaster und ideal für die erste Wundversorgung, sie sind Erste Hilfe. Wenn sich der Gesundheitszustand Ihres Patienten dauerhaft verbessern soll, müssen Sie und Ihre Organisation tiefer im Inneren an sich arbeiten – und damit ans Eingemachte gehen.

Um die Kraft aller Ebenen besser auszuschöpfen und die Führungskräfte der Mitte aus der Gefahr, zwischen oben und unten zerquetscht zu werden, zu befreien, ist es Zeit für ein neues Modell der Zusammenarbeit – und einen daraus resultierenden Perspektivwechsel. Das Topmanagement kann die schwere Aufgabe, die Transformation von Unternehmen sowohl strategisch zu gestalten als auch umzusetzen, nicht allein meistern. Zu wenig Raum bleibt zwischen Regulatorik, Risikomanagement und Repräsentation. Der Sense of Urgency ist gleichzeitig durch den hohen Wettbewerbsdruck gegeben, die Potenziale in den Unternehmen auf allen Ebenen mit einem besseren Wirkungsgrad einzusetzen. Zu viel Wissen, Erfahrung und Energie verpufft und wird nicht genutzt. Und das kann sich heute niemand mehr leisten.

Die Gretchen-Frage – und warum sie so wichtig ist

Deshalb widmet sich Teil 3 der Frage: Wie kann die optimale Beziehung zwischen Unternehmensleitung und Führungskräften konkret aussehen? Wie kann sich eine Organisation aufstellen, um die Stärken aller Beteiligten besser auszuspielen?

Warum das so wichtig ist? Unsicherheit und Veränderungen, wie wir sie in Teil 1 beschreiben, werden für immer unsere Welt prägen. Unsicherheit und Veränderungen werden nicht mehr weggehen. Damit wird die Fähigkeit damit umzugehen zum Schlüsselskill im Kampf ums Überleben auf den Märkten dieser Welt: Fürs Unternehmen an sich – und damit gleichermaßen fürs Topmanagement, für Führungskräfte, für alle Mitarbeiter.

Noch wichtiger als die Frage, wie sich konkrete Transformationsprojekte umsetzen lassen und diese zum Erfolg zu führen sind, ist deshalb die Frage: Wie muss eine Organisation aufgestellt sein, um Transformation nicht als Übel, sondern als natürlichen Teil ihres Wirtschaftens zu begreifen? Damit wäre die Organisation fähig aus innerer Stärke sich immer wieder selbst zu erneuern. Transformationstherapie in Form von selbstheilenden Kräften also – und damit die Ergänzung und in Teilen viel mehr Ablösung zu den Erste-Hilfe-Tipps aus Teil 2.

Zudem finden sich immer weniger Kollegen, die bereit sind, die Rolle der Führungskraft auszuüben. Zu unattraktiv, zu lästig, zu anstrengend. *»Warum sollte ich mir das antun?«* hört man immer wieder. Es braucht also eine neue Antwort auf das Warum. Das kann eine neue Perspektive für diejenigen sein, die mit ihrem Einsatz die Transformationserfolge auf die Straße bringen.

Aufbau Teil 3
Ausgehend von den Erkenntnissen aus Teil 1 und 2 leiten wir zunächst konkrete Anforderungen ab. Daran schließt die Idee eines neuen Modells der Zusammenarbeit, das sich vor allem durch die Einführung einer neuen Rolle auszeichnet und eine neue Anordnung der Akteure aus Teil 1 beschreibt. Ein Perspektivwechsel. Anschließend veranschaulichen wir die nachgeschärften Rollen sowie konkret die Art und Weise der Zusammenarbeit. Erfolgsfaktoren und Beispiele aus der Praxis zeigen, wie sich die Idee ins echte Leben übertragen lässt und welche Hindernisse dabei noch zu überwinden sind.

Zwei Dinge seien an dieser Stelle schon vorausgeschickt: Eine enge Kommunikation zwischen Topmanagement und mittleren Management ist Grundvoraussetzung für die neue Zusammenarbeit. Und vielleicht müssen wir die hier fallenden Begriffen »oben« und »unten« sogar gänzlich auf den Kopf stellen – oder zumindest von links auf rechts drehen?

11 Die Anforderungen an eine neue Form der Organisation und Zusammenarbeit

»In einer besseren Welt.«

Die Frage, ob ein Unternehmen transformationsfähig ist, ist nicht nur eine Frage des Skillsets der Mitarbeiter. Denn Anforderungen an die Skills können sich in unserer volatilen Welt schnell ändern – und Mitarbeiter nicht einfach über Nacht ausgetauscht werden. Daher sind diese Fragen entscheidend: Inwieweit ist ein Unternehmen fähig, sich aus sich selbst zu erneuern? Wie kann es einen besseren Wirkungsgrad erzielen – aber mit dem, was da ist?

Aus den bisher gemachten Beobachtungen und Beschreibungen der vorausgegangenen Kapitel können wir drei zentrale Anforderungen ableiten, die erfüllt sein müssen, damit eine Organisation dauerhaft transformationsfähig ist und zukunftsgerichtet wirtschaften kann:

- Klarheit in den Rollen
- Klarheit in der Form der Zusammenarbeit
- Klarheit in der Haltung

Was das jeweils genau bedeutet, beschreiben wir in den folgenden Unterkapiteln – um daraus in Kapitel 12 einen konkreten Vorschlag zur Aufstellung einer Organisation abzuleiten.

11.1 Anforderung 1: Klarheit in den Rollen

»Jeder macht was er soll – nicht, was er will«

Was macht Hochleistungsteams aus, die auch unter enormem Druck eine starke Performance erbringen und sich dabei immer wieder flexibel auf neue Anforderungen einstellen? Die Grundlage bildet eine klare Rollenverteilung. Oft steht sie nur auf dem Papier, wird in der Praxis mehrdeutig und situativ gelebt. Jetzt gilt eine maximal klare und verbindlich angewendete Rollendefinition.

Jedes Unternehmen hat Hierarchien, Prozessbeschreibungen und Regeln der Zusammenarbeit. Doch das, was auf dem Papier oder in den Systemen steht, sieht in der Praxis oftmals anders aus. Da basteln Produktmanager ihren Flyer in Word, obwohl die Expertise in der Marketingabteilung liegt. Da entscheidet der Vorstand über die Sonderausstattung des Fuhrparks statt über die Strategie – und der Junior wird mit dem wichtigen Transformationsprojekt betraut – um nur ein paar Beispiele zu nennen. Oder anders formuliert: »*Jeder macht, was er will. Keiner, was er soll. Hauptsache, alle machen mit.*« In Transformationsprozessen – und damit in unser aller Alltag – ist das besonders schmerzlich. Denn das Orchestrieren der vielschichtigen Bemühungen ist ein Kraftakt. Um nicht zu sagen unmöglich. Transformationserfolge werden damit dem Zufall überlassen.

Krisenteams als Vorbild

Das Prinzip der Klarheit in den Rollen wird in Einheiten, die sich zu einem hohen Grad mit Krise, Druck und Gefahr auseinandersetzen, schon immer hochgradig verbindlich gelebt. Denken wir an den Einsatzleiter bei der Feuerwehr, der alle Gewerke koordiniert und genau deshalb selbst nicht ins brennende Haus laufen wird. Jeder weiß, was zu tun ist. Wer geht rein? Wer gibt die Anweisung? Wer koordiniert die Pflege der Verletzten? Gleiches gilt im Flugverkehr: Der Flugbegleiter wird sich nicht anmaßen das Flugzeug zu fliegen – und der Pilot keine Drinks verteilen, selbst wenn er eine gute Idee für einen neuen Onboard-Drink haben mag. In deutschen Unternehmen abseits von Feuerwehr und Luftfahrt verschwimmen da schon mal gerne die Grenzen.

Klarheit in den Rollen. Das bedeutet auch Klarheit zu haben, wer welche Entscheidungen trifft. Es bedeutet die Klarheit, diese Entscheidungen zu fällen. Ein Manko, das wir in Teil 1 aufgedeckt haben. Und es bedeutet und erfordert die Akzeptanz der eigenen Rolle sowie der diesbezüglichen Entscheidungen von Dritten.

Ohne Klarheit droht der Identitätskonflikt

Insbesondere die Rolle der mittleren Manager hat zuletzt an Klarheit und streng genommen auch Einflussbereich verloren. Der Druck, Probleme zu lösen, wird in die Mitte verschoben. Die Entscheidungen jedoch werden an oberer Stelle getroffen, wenn auch manchmal zögerlich. Damit sind Entscheidung und Problembewältigung voneinander entkoppelt. Gleichzeitig beginnen agile Teams sich stärker selbst zu organisieren und Anforderungen zu artikulieren. Das führt dazu, dass sich mittlere Manager in ihrer Rolle neu erfinden müssen.

Als Antwort sind bereits neue Führungstheorien – Beispiel das Prinzip des Servant Leaderships – entwickelt bzw. wieder hervorgeholt worden. Führungskräfte verstehen sich hier als Dienstleister für ihre Mitarbeiter und konzentrieren sich auf Wohlbefinden und die Befähigung der Mitarbeiter. »Dienende Führungskräfte wissen, wie man Vertrauen aufbaut und wie man Werkzeuge und Unterstützung bereitstellt, die Mitarbeiter zum Wachsen brauchen. Sie kennen Methoden, um Hindernisse aus dem Weg zu räumen, mehr zuzuhören und Mitarbeitern ihren eigenen Weg zum Erfolg gestalten zu lassen« (Collet, 2022). Diese Modelle liefern wichtige Antworten auf konkrete Fragen der Führung – und doch haben sie einen Haken. Sie betrachten vor allem den Umgang der Führungskraft mit dem Team. Die Führungskraft selbst ist aber wiederum eingebettet in ein größeres System mit vielen Abhängigkeiten und Einflussfaktoren. Sie hat selbst Vorgesetzte, die beispielsweise nicht nach diesem Prinzip führen – und so ist sie konsequent Übersetzer zwischen verschiedenen Welten, Überpinsler der erkannten Schwächen (ob von oben unter unten) und droht dabei in der eigenen Rolle gar in einen Identitätskonflikt zu geraten.

Ein verbessertes Modell der Zusammenarbeit muss also *alle* Akteure in ihrem Zusammenspiel berücksichtigen, die in einer Organisation in Interaktion treten. Klarheit – ganzheitlich gedacht. Es geht darum, dass jeder Einzelne weiß: Was ist meine Funktion und welchen Beitrag kann ich damit leisten? Und es geht darum, dass diese Rolle und Funktion auf gegenseitiges Verständnis und Akzeptanz trifft – und zwar quer durch und transparent über alle Ebenen – und dabei kulturell fest mit dem Unternehmen verankert.

11.2 Anforderung 2: Klarheit in der Form der Zusammenarbeit

»Agilität braucht Anschluss.«

Bleiben wir beim Beispiel Feuerwehr. Man stelle sich vor, diese löscht einen Brand nach den agilen Arbeitsmethoden, die wir in Kapitel 2 schon ausführlich vorgestellt haben. Die Feuerwehrmänner suchen sich selbst aus, in welchen Teil des brennenden Hauses wer geht – und beratschlagen zunächst verschiedene Lösungswege, die unter basisdemokratischem Aufwand diskutiert werden. Das kann sehr gut funktionieren, im worst case allerdings zu viel Zeit kosten – und das Haus ist abgebrannt, bevor der Löschtrupp tätig werden konnte.

Das ist kein Abgesang auf agile Arbeitsmethoden. Im Gegenteil: Wenn diese an den richtigen Stellen eingeführt und konsequent gelebt werden, können sie Schnelligkeit, Effizienz und Qualität nachweislich erhöhen und damit echten Mehrwert zur Entfaltung der Transformationskraft von Unternehmen leisten. Das Problem in der Praxis haben wir in Kapitel 2.3 bereits dargelegt: Agile Arbeitsmethoden werden als Add-on eingeführt. In ausgewählten Piloten, in bestimmten Abteilungen oder für neue Themen. Diese neuen Satelliten treffen auf bewährte und nach wie vor aktive Entscheidungsstrukturen. Die Folge: Statt Vereinfachung und Partizipation führen agile Arbeitsmethoden zu mehr Komplexität, Mehrdeutigkeit und Unsicherheit.

Übergestülpt – statt aus sich heraus entwickelt

Ein agiles Team mag sich perfekt selbst organisieren. Die Orchestrierung im Verbund mit anderen Einheiten ist aber nicht klar. Zum Beispiel weil es keine Verknüpfung zur DNA des Unternehmens gibt – in Form einer Verbindung zu den wichtigsten Entscheidungsgremien wie dem Vorstand. In anderen Fällen werden agile Methoden oder Organisationsformen den Bereichen übergestülpt, in denen sie keinen Mehrwert entwickeln können. Fallstricke gibt es viele – und sie lassen sich auch von Agilen Coaches nicht wegdiskutieren.

Beispiel: Von richtigen Methoden zur falschen Zeit am falschen Ort

Katja, ehemals HR Business Partner bei einem Telekommunikationsprovider, berichtet in diesem Zusammenhang von einem gescheiterten Transformationsvorhaben bei einem früheren Arbeitgeber.

»Weil es in der IT geklappt hat, wollte man auch im HR-Bereich agile Arbeitsmethoden ausrollen. Weg vom Wasserfall zu Scrum und Co. Da die Teams jetzt selbstbestimmt(er) arbeiten, braucht es auch keine klassische HR-Abteilung mehr – so die Idee. Eine Veränderung, die von oben verordnet war – und leider so gar nicht zu den linearen Prozessen bei uns in HR gepasst hat. Man hat leider versäumt, die operativen Ebenen hier aktiv miteinzubeziehen. Und wenn sich die Teams selbst organisiert haben, kam dann doch das Prinzip ›Command and Control‹ wieder durch – und man hat von oben den Backlog analysiert und priorisiert. Die Idee der Organisationsform hat also weder zu den Anforderungen aus der Praxis gepasst, noch hat das Unternehmen die damit notwendige Haltung verinnerlicht.«

Das Heil allein in holokratischen oder agilen Methoden zu suchen, wird Unternehmen nicht transformationsfähiger machen – im Zweifel sogar hemmen. Viel wichtiger: Die Methoden brauchen Anschluss und Einbettung ins Gesamtkonstrukt. Deshalb braucht es neben Klarheit in der Rollenverteilung vor allem Klarheit – und Einheitlichkeit – in der Art und Weise der Zusammenarbeit. Regeln eben. Oder anders formuliert: Eine gemeinsame Basis.

Daraus leitet sich die zweite Anforderung ab: Klarheit im Zusammenspiel der Akteure. Diese muss über alle Ebenen durchdekliniert werden. Ein Modell für dauerhaft transformationsfähige Unternehmen braucht einen eineindeutigen Rahmen und klare Spielregeln, wie die verschiedenen Mitspieler auf dem Platz zusammen agieren. Erst das ist echte, gelebte Agilität. Sich erst aufeinander einstellen – für gemeinsame, konkrete Ziele, die erst dann in eigenverantwortlich geführten Paketen verfolgt werden können. Wichtig dabei: Je weniger Regeln, umso höher die Akzeptanz. Das heißt für uns: Keine Add-On-Arbeitsweise entwickeln, sondern das Gesamtkonstrukt mit allem, was es schon mitbringt, verbessern. So einfach wie nur möglich eben.

11.3 Anforderung 3: Klarheit in der Haltung

»Der Kompass für unsere Entscheidungen«

Das beste Modell für Zusammenarbeit ist nichts wert, wenn es auf einem wankelmütigen Fundament steht. Neben Klarheit in den Rollen und der Art und Weise der Zusammenarbeit, braucht es vor allem eines: Ein starkes Rückgrat. Eine Überzeugung. Oder anders gesagt: Eine klare Haltung.

Was ist mit Haltung eigentlich gemeint? In erster Linie: Wissen, wofür man steht – und bereit sein, dafür einzutreten. Einen Kurs durchzuziehen, wenn es stürmisch wird – und nicht jeder Gegenwehr in vorauseilendem Gehorsam ausweichen. Nicht auf jeden kurzlebigen Trend aufzuspringen. Und vor allem: die Fähigkeit, diese Haltung ins Haus zu tragen und zu multiplizieren. Kurzum das Gegenteil vom Fähnchen im Wind.

Haltung schafft Sicherheit

Martin Permantier betrachtet Haltung noch ganzheitlicher und definiert diese wie folgt: »Haltung ist die durch Werte und Moral begrenzten Gesinnung bzw. Denkweise eines Menschen, die den Handlungen, Zielsetzungen, Aussagen und Urteilen des Menschen zugrunde liegt. Sie bestimmt, wie wir mit eigenen Impulsen umgehen und welche Maßstäbe für unser Handeln wir verinnerlicht haben« (Permantier, 2019, S. 13). Damit entscheidet unsere Haltung, worauf wir unsere Aufmerksamkeit lenken und in welcher Art und Weise wir darauf reagieren. Als Voraussetzung für Wandel wird definiert, »dass der Wandel immer bei einem selbst und mit einer Einstellungs- und Haltungsänderung beginnt. Erst dann kann die Entwicklung des Teams und der Organisation insgesamt von Erfolg gekrönt sein« (Permantier, 2019, S. 7). Für den Alltag definiert Permantier Präsenz, Mut und Empathie als die zentralen Führungstools: Präsenz, um die eigene Haltung zu reflektieren. Mut, um die eigene Komfortzone zu verlassen und durch Erfahrung an der eigenen Haltung zu arbeiten. Und Empathie als »emotionale Weisheit« (Permantier, 2019, S. 358), um neue Möglichkeiten zu finden.

In den wilden, nicht enden wollenden und mitreißenden Transformationsprozessen wird von Entscheidern mehr denn je gefordert, Haltung einzunehmen. Allein schon, um von den einprasselnden Anforderungen nicht in einen Strudel der Unsicherheit und Wankelmütigkeit mitgerissen zu werden. Auch mal das Unbequeme auszuhalten. Tag für Tag. Wenn ein Unternehmen und seine wichtigsten Repräsentanten eine klare Haltung haben, spricht und handelt es auch in wilden Zeiten synchron, berechenbar und vor allem: authentisch.

Position und gemeinsame Wertebasis entwickeln

Eine Haltung ist also der Guide durch das Chaos. Und der erste Schritt dahin ist, sich bewusst zu machen, dass es ihrer überhaupt bedarf. Doch wie kommt man zu einer Haltung?

Diese Frage ist nicht trivial und bei weitem nicht einfach in ihrer Beantwortung. Zunächst einmal gilt: Manche Menschen scheinen eine natürliche Haltung in sich zu tragen – eine feste, unerschütterliche Überzeugung. Andere weniger. Daraus ergeben sich Anforderungen an die Charaktereigenschaften der Personen, die Schlüsselrollen in unserm Modell einnehmen und die wir später in Kapitel 11.6.1 noch beleuchten. Oder wie bereits Permantier beschreibt »Haltung ist kein Ziel, sie ist ein Resultat« (S. 357). Ein Resultat der Selbstverantwortung und der Tatsache, dass man bei sich selbst anfangen muss. Eine Haltung fällt uns also nicht zu, sie erfordert intensive Beschäftigung, die man nicht bei jedem Akteur voraussetzen kann.

Der Anfang kann das Entwickeln einer Position sein. Wie stehe ich zu einem Thema? Wie bewerte ich die Bedeutung dieses Standpunkts in Zusammenhang mit konkurrierenden oder widersprüchlichen Themen? Und welcher allgemeingültigen Wertebasis lege ich mein Wirtschaften und meine Handlungen zu Grunde?

Wenn ich mir über diese Fragen im Klaren bin, habe ich als Unternehmen erste Leitplanken. Einheitliche Leitplanken, die Führungskräfte als Basis für einen deckungsgleichen Entscheidungskorridor brauchen. Werte, für die wir stehen – aber auch einstehen. Und die uns »uns« als Unternehmen von anderen unterscheiden.

Transformation und Reflektion gehören zusammen

Transformationsprozesse können helfen, Positionen und Werte überhaupt zu entwickeln – sowie einen Reflektionsprozess anstoßen, der ein Unternehmen genauso wie seine Akteure reifen lässt. Wenn Sie ein klares Zielbild ausrufen, was nach Ihrer Transformationsinitiative anders sein soll, kann dieses Zielbild also auch eine Position zu einem Thema inkludieren. Zum Beispiel: »Nachhaltigkeit ist das wichtigste Merkmal unserer Produkte« oder »Wir wollen unser Unternehmen kundenzentriert aufstellen«. Und damit der Anfang einer Haltung sein.

Das Wichtige ist, Haltung ist mehr als ein Einzelmeister. Kein einzelnes Produkt, keine Werbemaßnahmen, keine Behauptung. Haltung ist ein dauerhafter Kompass, der auch in schwierigen Zeiten die Richtung weist – insbesondere in Veränderungsprozessen. Haltung ist die innere Stimme, die von selbst laut aufspricht – und in den entscheidenden Momenten ruft: *»Weitermachen und nicht umfallen.«* Oder anders gesagt: Haltung ist das Abbild unseres tieferen Inneren.

Beispiel: Fehlende Haltung

Melanie ist Kommunikationschefin bei einem Einzelhandelsfilialisten und konstatiert fehlende Position und damit fehlende Haltung:

»Ich verstehe nicht die Wankelmütigkeit unserer obersten Entscheider. In einem Jahr hat man sich entschlossen, eine große Nachhaltigkeitsoffensive zu starten. Zu Produkten mit einem gewissen Verkaufspreis sollte jeweils ein Baum gepflanzt werden. Ich habe damals auf die Herausforderungen, die damit langfristig einhergehen hingewiesen. Doch alle anderen waren Feuer und Flamme. In hunderten Werbemaßnahmen ist die Aktion genau beschrieben, alle Vertriebspartner wurden aktiviert. Ein Jahr später wird diskutiert, das Baum pflanzen sein zu lassen, weil sich die Unternehmensleitung nicht einigen können, welcher Bereich die Mehrkosten übernehmen soll. Allein die Überarbeitung aller Unterlagen, der Reputationsverlust vor den Geschäftspartnern wäre ein finanzieller Schaden– für mich zeigt allein schon die Diskussion die Kurzfristigkeit von Entscheidungen und wie wenig die Entscheider langfristig dahinterstehen.«

12 Das 3C-Modell

»Ein Perspektivwechsel: Der Abschied von oben und unten.«

Die zahlreichen Beispiele unserer Gesprächspartner zeigen: Trotz aller Bemühungen läuft die Transformation in Unternehmen schleppend oder kostet zu viel Kraft. Um das zu ändern, haben wir in Teil 2 Erste-Hilfe-Tipps zusammengestellt. In Kapitel 12 widmen wir uns der Frage aller Fragen: Wie sieht ein konkretes Modell aus, das den im vorausgegangenen Kapitel beschriebenen drei Anforderungen – Klarheit in Rollen, Zusammenarbeit sowie Haltung – gerecht wird und damit die Kraft aller Beteiligten (vom Vorstand über die mittleren Manager bis hin zum Mitarbeiter) auf die Straße bringt? Mit dem Ziel, Unternehmen nicht nur temporär, sondern langfristig transformationsfähig zu machen.

Partizipativ, aber nicht basisdemokratisch. Flexibel, aber nicht chaotisch. Die Stärken aller mehr nutzend als es im Status quo passiert. Und vor allem: Darauf ausgerichtet, dass eine Organisation stark genug wird, sich selbst und ohne Dauerbesuch externer Berater zu erneuern. Diese Prämissen leiten uns durch die folgenden Seiten. Der konkrete Ansatz: Führungskräften der Mitte mehr Raum und Bedeutung geben. Es geht darum, sie aus der Sandwich-Position herauszulösen, wo sie zwischen dem Druck aus dem oberen und dem unteren Teil der Hierarchie-Pyramide zerdrückt werden können. Und es geht darum, die gesamte Belegschaft in der notwendigen Eigenverantwortung aktiv zu stärken.

12.1 Die neue Aufstellung

»Alte Bekannte – neu sortiert«

Jedes Unternehmen wirtschaftet in einem klar abgegrenzten Feld. Und es braucht dazu verschiedene – zuweilen sehr viele – Beteiligte. Erst wenn sie an den richtigen Positionen stehen und ohne große Reibungsverluste zusammenspielen, ist erfolgreiches Wirtschaften möglich. Entsprechend beginnen wir die Beschreibung unseres Modells für eine schlagkräftigere Zusammenarbeit mit der Vorstellung der wichtigsten Akteure, ihrem jeweiligen Auftrag und der kompakten, ineinandergreifenden Beschreibung ihres Wirkens.

Produkte, Märkte, Zielgruppen, Vertriebswege, Produktionsprozesse, Ressourcen – und alles, was definiert, in welchen Umfeldern ein Unternehmen tätig ist. Das ist sind die Begrenzungspfeiler für unseren Rahmen, in dem all diese Akteure eines Unternehmens tätig sind: Dieser Rahmen markiert alle operativen Vorgänge – von der klassischen Linientätigkeit, die für den Geschäftsbetrieb notwendig ist – bis hin zur Umsetzung von zukunftsgerichteten Zielen und damit auch für Transformationsinitiativen. Hier passiert die Action: der Unternehmensbetrieb. Mit allen Entscheidern, Spezialisten, Experten und Mitarbeitern, die dazugehören. Vorgegeben (und bei Bedarf angepasst) wird der Rahmen in weiten Teilen von der Unternehmensleitung. Innerhalb dieses Rahmens begegnen uns auch im 3C-Modell verschiedene Rollen. Alte Bekannte in nachgeschärften Funktionen – aber auch eine gänzlich neue, mit der wir unmittelbar starten.

Die neue Rolle: Der Capcoach

Eine der wichtigsten Neuerungen im 3C-Modell ist die Einführung einer neuen Rolle, die es in dieser Form in Unternehmen bislang noch nicht gibt. ***Der Capcoach.*** Der Begriff vereint Aufgaben und Stärken von Coaches und Captains. Also auf der eine Seite Förderer und Entwickler fürs Team, auf der anderen Seite Anführer, der das Erreichen eines Ziels fest im Blick hat. Eine Rolle, die von ausgewählten mittleren Managern übernommen wird. Hierarchisch berichtet diese Funktion an den Vorstand, im Wirken begegnen sich Capcoach und Vorstand auf Augenhöhe. Die Capcoaches wissen, was es braucht, um die strategischen Ziele eines Unternehmens umzusetzen, was realistisch ist und welches Zusammenspiel ihrer Mitarbeiter gefordert ist. Sie sind näher dran an der Operative als es das bisherige C-Level allein jemals sein kann – und finden durch die Aufwertung das Gehör und die Sichtbarkeit, welche sie brauchen, um wirksam zu sein.

Fähige und dennoch als Underdog geltende mittlere Manager sind von der Rolle des Capcoaches damit nur einen Perspektivwechsel entfernt:

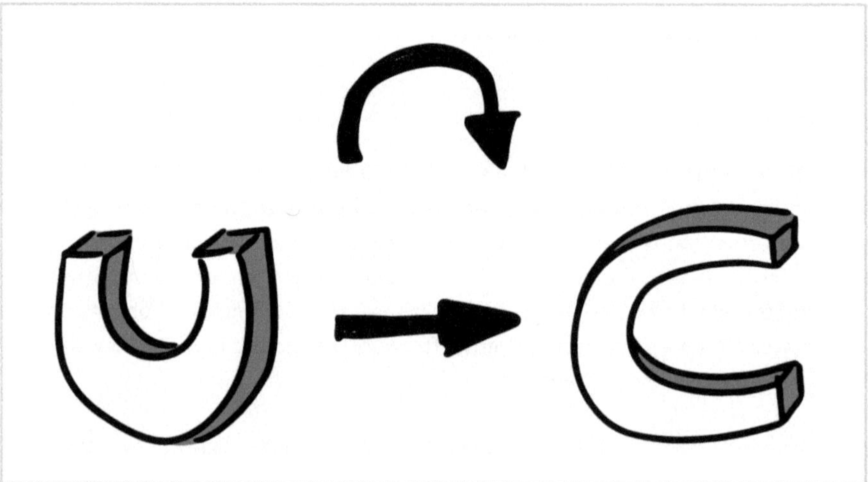

Abb. 1: Vom U wie Underdog zum C wie Capcoach: Alles nur eine Frage des Blickwinkels. U oder C – die Form ist nahezu identisch. Um 90 Grad gekippt wird aus dem U ein C. Der Underdog – stellvertretend für ausgewählte mittlere Manager – ist von der neuen Rolle des Capcoaches also lediglich einen Blickwinkel-Wechsel entfernt. Deshalb sprechen wir primär von einer Drehung der Rolle.

Im Profil geschärft: Die Chief Officers

Der Vorstand eines Unternehmens in Form des C-Levels und den verschiedenen Chief Officers bleibt im 3C-Modell selbstverständlich erhalten. Aber mit einem klaren, nachgeschärften Auftrag: Er definiert den beschriebenen Rahmen in Form von klaren und langfristig strategischen Leitplanken. Gleichzeitig übernimmt der Vorstand repräsentative Zwecke und übersetzt, was außerhalb der Organisation passiert. Welche Zahlen und Ergebnisse fordern externe Stakeholder wie Aktionäre oder neue Investoren? Welche Marktveränderungen erfordern eine Anpassung? Zudem gibt er vor, welche Werte die Unternehmenskultur auszeichnen und überwacht die Einhaltung der regulatorischen Vorgaben. Die Frage, wie sich die Ziele erreichen lassen, hingegen liegt primär bei den Capcoaches und ihren Teams – und wird gemeinsam auf Augenhöhe diskutiert.

Sinnbildlich dafür, dass Chiefs mit den ihnen zugeschriebenen Aufgaben allein die Transformationsherausforderungen nicht erfüllen können, ist auch hier wieder ein Blick auf die Buchstaben. Ein C macht noch keinen Kreis – zwei zusammen hingegen schon. Gemeinsam treffen Chiefs und Capcoaches alle Entscheidungen, die notwendig sind. Strategische Vorausplanung und die Erfahrungen sowie der Realitycheck der Operative bilden das Kaleidoskop, aus dem sich Transformationsideen und Verbesserungen ableiten lassen.

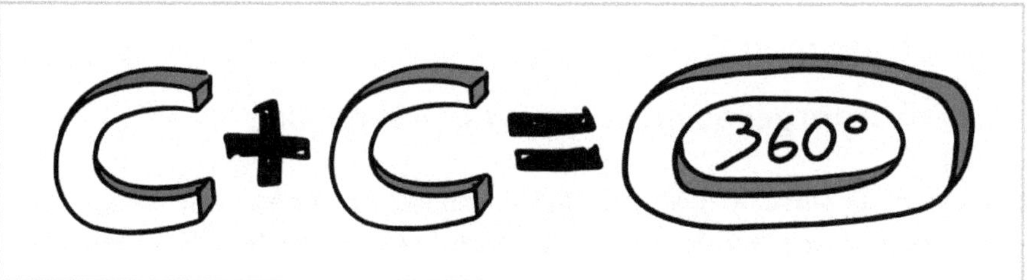

Abb. 2: Das C der Chief Officers und das C der Capcoaches – zusammen ergeben nicht ihre Anfangsbuchstaben eine perfekte visuelle Einheit – den Kreis. Viel gewichtiger: Nimmt man die Kernaufgaben beider Gruppen zusammen, sind die essenziellen Aufgaben abgedeckt, die eine Organisation braucht, um wandlungsfähig zu sein. Ein 360 Grad Blick von intern und extern entsteht.

Die Mitarbeiter: Der Core

Herzstück eines Unternehmens sind und bleiben die Mitarbeiter. Das heben wir visuell und strukturell in unserem Modell zusätzlich hervor: Sie sind der Kern – neudeutsch »Core« und bilden das Zentrum. Jeder einzelne trägt zur Zielerreichung bei. Innerhalb des Kerns bleibt Raum für Eigenverantwortung und agile Arbeitsweisen. Die neue Verortung wertet die große Summe an Menschen in Unternehmen auf, verpflichtet aber auch zu Leistung.

Abb. 3: Das 3C-Modell im Gesamtüberblick: Die Mitarbeiter im Zentrum – umrahmt von Chiefs und Capcoaches, die gemeinsam vor allem eines tun: Handlungssicherheit geben. Die Mitarbeiter als der Kern eines Unternehmens rücken auch optisch ins Zentrum. Top und Down – diese Pole gehören der Vergangenheit an.

Chief Officer, Capcoach, Core – mit diesen zentralen und zugleich namensgebenden Elementen lässt sich im 3C-Modell bereits die Grundstruktur des Unternehmensaufbaus beschreiben.

12.2 Warum genau diese Form der Aufstellung?

Diese Form der Aufstellung trägt der Kraft der mittleren Manager Rechnung – durch die Aufwertung von Transformations-Underdogs zu Capcoaches, die aktiv und explizit in Lead hinsichtlich Übertragung in die Praxis gehen. Es entlastet gleichzeitig den Vorstand, der aufgefordert ist, klare strategische Leitplanken zu setzen und in erster Linie Leitstern und die Hauptaufgaben zu definieren.

Das Wichtigste – und ebenfalls durchaus neu: Vorstand und Capcoach sprechen miteinander auf Augenhöhe. Die Transformationsvorhaben entstehen im partizipativen Miteinander. Zwischen Strategie und Operative. Zwischen Vorgabe und Umsetzung. Und ist ein entscheidender Fortschritt erreicht, stehen beide im Rampenlicht.

Eine institutionalisierte Symbiose

Um diese Erfolge zu erreichen, gehen Chief und Capcoach eine enge Symbiose ein – die gemeinschaftliche Verantwortung für die Transformationsfähigkeit übernimmt. Dafür ist eines notwendig: Enge Kommunikation. Deshalb trug das Buch zu Beginn des Schreibprozesses als Arbeitstitel auch die doppeldeutige Unterzeile »CEOS, wir müssen reden«. Mehr Kommunikation? Klingt profan, wird in den wenigsten Unternehmen aber so gelebt. Natürlich gibt es Topmanagementgremien in Form von Vorstandssitzungen – die mittleren Manager tauchen hier nur ausgewählt auf. Und so trifft die oberste Unternehmensriege aktuell noch immer Entscheidungen, ohne die einzubinden, die verantwortlich sind, diese umzusetzen.

Mit der Übertragung des Modells ändert sich das: Die Capcoaches sind in der Regel Beisitzer in den Gremien oder kommen mit ihren Chief Officers regelmäßig zusammen. Schließlich sind sie das Sprachrohr, um zu melden, was auf dem Platz geschieht. Kurzum: Der Nähe der mittleren Manager zum Status quo hinsichtlich der zu verhandelnden Themen wird Rechnung getragen. Das Topmanagement konzentriert sich auf Repräsentation, Regulatorik, Risikominimierung und Klarheit in den strategischen Anforderungen.

Ambidextrie aus Tagesgeschäft und Transformation
Wie trägt diese Aufstellung dazu bei, dass eine Organisation dauerhaft transformationsfähig wird? Die Unternehmensleitung beobachtet die Vorgänge aus der Vogelperspektive und kann die Aufstellung der Capcoaches und Transformationsziele – auch im Hinblick auf die externen Einflüsse – immer wieder feinjustieren. Die Capcoaches spüren wiederum die Druckpunkte des Core, der für eine Aufwertung der Mitarbeiter sorgt, und optimieren entsprechend das Zusammenspiel innerhalb dessen. Unternehmen, die beide Perspektiven vereinen, erreichen eine neue Qualität der Transformationsfähigkeit, da diese Operative und Strategie auf einer gemeinsamen Plattform in Einklang bringen. Wir verstehen darunter: gelebte Ambidextrie, also Beidhändigkeit aus Business Transformation und Umsetzung des Tagesgeschäft.

12.3 Die Rollen im Detail

»Wer hat hier eigentlich welchen Auftrag?«

Was bedeutet diese Aufstellung für die Praxis? Das wird sehr gut verständlich, wenn man die Funktions- und Anforderungsprofile für die Beteiligten formuliert. Und genau das ist es, was wir im folgenden Kapitel tun. Welche Aufgaben haben welche Beteiligten zu erfüllen? Und welche eben auch nicht?

12.3.1 Die Capcoaches

»Captain? Coach? Capcoach!«

Das Wichtigste vorab: Nicht jeder mittlere Manager oder Underdog ist automatisch ein Capcoach. Zu den Anforderungen gehören eine hohe Akzeptanz seitens der Mit-

arbeiter im Core, die Vernetzung mit anderen Capcoaches und ein ausgeprägtes Maß an wichtigen Eigenschaften – von Autorität bis Herzblut. Die Capcoaches sind schließlich verantwortlich, das Vorhaben – mit der Unterstützung ihres Teams – sicher und pünktlich zum Ziel zu führen.

Warum eigentlich Capcoach? Die Antwort mag wenig überraschend sein. Im Begriff vereinen sich die Begriff Captain und Coach. Und das aus gutem Grund. Capcoaches bringen Eigenschaften, die sowohl der Kapitäns- als auch Trainerrolle gerecht werden. Also Persönlichkeiten, die sowohl die Verantwortung für das Erreichen eines Zieles übernehmen und den Kurs dorthin konsequent steuern als auch die Crew fordern, fördern und selbige über sich hinaus wachsen lassen. Kurzum: Hier vereinen sich die Eigenschaften, die wir bereits in Teil 2 als Schlüsselfaktoren für das Durchsetzen von Veränderungen in schwierigen Umfeldern herausgearbeitet haben.

Capcoaches sind selbst mittendrin, sie sind Teil der Unternehmung. Gleichzeitig sind sie immer im engen Austausch mit den Chief Officers, die den Blick fürs große strategische Ziel nicht verlieren dürfen und Kurskorrekturen mit dem Capcoach beratschlagen. Capcoaches sind die Brücke zwischen dem, was man sich als Unternehmen strategisch vornimmt – und dem, was in den einzelnen Bereichen – den Maschinenräumen einer Unternehmung – gearbeitet wird. Die strategischen Leitplanken werden hier mit Leben gefüllt, das konkrete Vorgehen (z. B. Zwischenschritte, Teams und Timing) definiert – und das mit vollem Körpereinsatz und der Unterstützung jedes von den Capcoaches angeleiteten Teammitglieds.

Die natürliche Erweiterung des C-Levels

Wenn man die Aufstellung und die dazugehörige Partizipation ernst nimmt, erweitern wir mit den Capcoaches das vorhandene C-Level in Unternehmen. Nicht mit dem Ziel, weitere Chief Officers heranzuziehen und das Board aufzublähen, sondern mit dem Ziel, das C-Level um ***die neue Funktion*** der Capcoaches zu ergänzen. Und das offiziell als Ausdruck der Zusammenarbeit auf Augenhöhe. Mit dem Ziel, der Rolle des Bindesglieds bzw. Übersetzers zwischen den strategischen Leitplanken und der Operative gerecht zu werden. Das C als Anfangsbuchstaben haben beide schon gemeinsam. Und auch in ihrem Ziel müssen beide vereint sein. Wohingegen im Blickwinkel und der Erfüllung der Aufgabe jede Gruppe eigene Schwerpunkte verfolgt.

Die Aufgaben und Erfolgsfaktoren für den Capcoach

Die Aufgaben der Capcoaches entsprechen in erster Linie den Aufgaben, denen man mittleren Managern (Kapitel 3.3) bereits zuschreibt. Gemäß Walter (2016, S. 12) sind das »Koordination und Kooperation, Personalführung und -entwicklung, Ausführung und Umsetzung, Veränderungsmanagement, Gestaltung des Unternehmens, externe Zusammenarbeit, Fachprozesse, Kommunikations- und Informationsmanagement, Stabilisierung, Konflikt- und Interessensmanagement.«

Doch das Ausführen dieser Tätigkeiten allein macht noch keinen Capcoach: »Es ist zu beachten, dass nicht jeder Mittlere Manager in gleichem Maße als Pionier des Wandels und Treiber von Veränderungen ›an vorderster Front und damit als Mitglied einer sogenannten ›Führungskoalition‹ steht. Dies ist abhängig von seinem Erfahrungshintergrund, seiner persönlichen Einstellung, aber auch seinen bereits erworbenen Kompetenzen im Feld ›Change-Management und Strategisches Management« (Walter, S. 163). Walter stellt also fest, was auch wir in Kapitel 3.3 herausgearbeitet haben: Nicht jeder mittlere Manager ist aus dem gleichen Holz geschnitzt und fähig oder willens die Verantwortung, die mit der Position des Capcoaches einhergeht, zu übernehmen.

Cohen und Kotter (2005, S. 39) sehen acht zentrale Faktoren, die zusätzlich um individuelle Punkte erweitert werden können, und den Unterschied machen. Dazu zählen:

- Fähigkeit, das Topmanagement gewinnen zu können
- Fähigkeit, ein geeignetes Team für die Initiativen zusammenzustellen
- Fähigkeit, alle notwendigen Ressourcen zu organisieren und bereitzustellen
- Akzeptanz und Respekt von anderen Führungskräften und Entscheidern
- Talent, andere Organisationsmitglieder zu motivieren und zu inspirieren
- Fähigkeit, auch schwere Entscheidungen zu treffen und zu kommunizieren (auch unpopulärer Natur)
- Autorität, Entscheidungen durchzusetzen
- Fähigkeit, Hindernisse aus dem Weg zu räumen, die den Fortschritt der Veränderung gefährden.

Mittlere Manager, die diese Anforderungen umfassend erfüllen, sind prädestiniert für die Rolle Capcoach. Damit gibt es bereits konkrete Kriterien, die bei der Auswahl uns Besetzung als Auswahlraster anzulegen sind.

Vernetzung auf allen Ebenen

Entscheidend ist darüber hinaus die Vernetzung zwischen Vorstand und seinen Capcoaches. Innerhalb dieser Gruppen werden feste Gremien gebildet und Abstimmungsstrukturen eingezogen. Braucht man als Chief Officer die Zuarbeit oder Meinung aus der Mitte, muss man nicht erst ins Casting gehen und intern einen willkürlich zusammengewürfelten Kreis aktivieren. Stattdessen ist die Einbeziehung der Vertreter der Mitte standardisiert. Im engmaschigen Austausch (z. B. wochenweise) wird abgeglichen. Unabhängig von akuten Themen, sondern fest institutionalisiert. Welche strategischen Ziele müssen wir erreichen (Vorstand) und welche Erkenntnisse und welcher Bedarf und Empfehlung zum Weg der Zielerreichung ergeben sich aus den Erfahrungen des Cores? Bei den Capcoaches laufen diese Perspektiven zusammen. Der Vorteil: Durch die Verankerung ist Partizipation zwischen Topmanagement und mittlerem Management gesichert. Voraussetzung ist ein Grundlevel an Vertrauen und steigendes Vertrauen die Konsequenz.

Jedes Vorstandmitglied hat in und für seinen Bereich mindestens einen Capcoach als Gegenspieler. Von den Capcoaches gibt es in einem Unternehmen also mehrere. Ebenso wichtig wie die Abstimmung zwischen Chief Officers und Capcoaches ist die Abstimmung, Vernetzung – ja Verzahnung – mit anderen Capcoaches. Die Capcoaches haben die Aufgabe, sich aufeinander einzustellen und zu synchronisieren. Sie stimmen sich ab, um mit einer Stimme zu sprechen. Das betrifft zum Beispiel Trainingsmethoden und Kernbotschaften sowie ganz konkret den Austausch von Mitarbeitern, wenn diese an anderer Stelle akut besser wirken können. Damit haben Capcoaches mehr im Blick als den Erfolg der eigenen Einheit. Die Einheiten der einzelnen Capcoaches müssen in ihrem Wirken abgestimmt sein. Erfolgreich ist man nur, wenn alle Teams das Ziel erreichen. Entsprechend warnt man sich bei Gefahr, hilft sich aus und entwickelt die Route und das Timing bis zum Ziel gemeinsam.

Eine neue Art und Weise der Wahrnehmung

Die Rolle des Capcoach steht stellvertretend für eine neue Art und Weise, wie man auf die leistungsstarken Vertreter des mittleren Managements blickt. Und dieser veränderte Blickwinkel ist auch dringend notwendig. Immer weniger junge Menschen haben überhaupt die Ambition Führungskraft zu werden. Zu groß die Vorbehalte vor der Verantwortung und dem Druck, bei überschaubarem Mehrwert oder nur leicht gesteigerter Wertschätzung im Vergleich zu einer Position als Sachbearbeiter oder Spezialist. Und dieses Problem liegt nicht nur daran, dass neuen Generation die Work-Life-Balance wichtiger ist, sondern auch daran, dass in den letzten Jahren Wertigkeit und Wertschätzung der Rolle der Führungskraft gelitten haben. Es ist also an der Zeit, sich neu zu erfinden und eine konkrete Perspektive zu entwickeln. Zum Beispiel in Form der Überzeugung, dass die richtige Führungskraft an den richtigen Stellen mehr verändern kann, als man es aus der Außenperspektive ahnt. Und genau diese Veränderungskraft gilt es sichtbar zu machen. Kurzum: Mittlere Manager und ihre Leistung müssen sichtbarer werden, um Nachzügler zu inspirieren, es ihnen gleich zu tun.

12.3.2 Die (präzisierte Rolle der) Chief Officers

»Spezialgebiet: Der Komplexität mit Klarheit trotzen«

Komplexität reduzieren, Visionen definieren, Prioritäten setzen, Kontext herstellen, Stakeholder- und Ressourcenmanagement. Das sind die wichtigsten Aufgaben, die mittlere Manager von einem Vorstand erwarten. Das ist in den Gesprächen, die wir geführt haben, immer wieder gesagt worden.

Wie sieht dieser Beschreibung folgend eine ideale Stellenanzeige für einen CEO oder Topmanager für unser Modell aus? Man könnte aus der Historie vermuten, dass hier eine Menge an Aufgaben und Pflichten stehen. Nehmen wir das in Kapitel 11.1 beschriebene Modell ernst, reduziert sich jedoch die Anzahl – und eine Stellenanzeige für einen Vorstand umfasst nur wenige Punkte. Einfacher wird die Aufgabe deswegen nicht – nur fokussierter.

In erster Linie geht es darum, Leitplanken aufzustellen. Sicherzustellen, dass auch die anderen Vorstände mitspielen und abgestimmt wurde, welcher Beitrag für das große Ganze aus welcher Ecke des Unternehmens stammt. Es bedarf also einer übergeordneten Synchronisierung und damit auch einer Definition des Rahmens.

Acht zentrale Aufgaben für Topmanager

Von acht zentralen Aufgaben für Topmanager spricht der Managementexperte Fredmund Malik (Malik, 2022):

- Bestimmen und Durchdenken von Geschäftszweck/-auftrag: Was ist der Unternehmenszweck?
- Strategieentwicklung: Von der präzisen und eigenständigen Lagebeurteilung über die strategische Balance mehrerer Dimensionen sowie dem Heute und dem Morgen bis hin zur Ressourcendefinition und -bereitstellung (Menschen, Wissen, Zeit, Aufmerksamkeit)
- Standards und Maßstäbe fürs Verhalten von Mitarbeitern und Führungskräfte definieren – inklusive Führen durch persönliches Vorbild
- Aufbau, Ausbau und Erhalten der menschlichen Ressourcen – insbesondere durch das Treffen der richtigen Personalentscheidungen
- Durchdenken und Optimieren der Unternehmensstruktur
- Schlüsselbeziehungen nach außen Pflegen- von Kunden über Lieferanten, Kapitalgeber, Medien, Politik bis hin zur Öffentlichkeit
- Repräsentation (von Wirtschaft bis Wissenschaft)
- Bereitschaft für Krisen und Chancen: Standby-Organ, wenn sich unerwartete Veränderungen auftun

Legen wir diese Aufgabendefinition über die Aufgabe, die wir dem Topmanagement in Kapitel 11.1 zuschreiben, erkennen wir einen hohen Passungsgrad.

Bei der Umsetzung dieser Beschreibung in der Praxis ist zuweilen allerdings Luft nach oben. Ein Grund: In der Praxis, so Malik, sei es üblich, dass Vorstandsmitglieder eine fachliche Expertise mitbringen, um an der Spitze der jeweiligen Ressorts Forschung und Entwicklung, Marketing, Produktion und Finanzen zu stehen (Malik, 2022). Dabei muss ein guter Vorstand nicht der beste des Fachgebiets sein, das er mal gelernt hat. Er sollte vor allem eines sein: Ein Lenker, Stratege und Definierer der Grundlagen. »Man kann sich nicht eine Organisation machen lassen; man muss sich als Topmanager schon selbst damit befassen«, so Malik. Die Priorität liegt also in der Definition der Regeln, der Richtung, der Repräsentation und des Erhalts der Spieler. Als den Unternehmenslenkern obliegt dem Vorstand die finale Entscheidung, da er auch rechtlich primär in der Verantwortung steht. Das darf aber keine Ausrede sein, nur noch dem Prinzip »Kann mir das unter Umständen irgendwie gefährlich werden?« zu wirtschaften. »What's best for the company?« statt »Cover your Ass« lautet das Credo.

Verantwortung für die richtigen Personalentscheidungen
Die Chiefs sind auch verantwortlich, wenn es um die Frage geht: Wer sind meine wichtigsten Leistungsträger, wer sind meine Capcoaches? »Personalentscheidungen sind das Wichtigste für das, was das Management wirklich will, für die Werte, die es vertritt und für seine Glaubwürdigkeit« (Malik, 2022). Damit ist klar: Die Chiefs bestimmen über die Auswahl der Kapitäne – und sollten diese Entscheidung nicht leichtfertig treffen.

Abschied von nicht mehr passenden Begrifflichkeiten
In diesem Kapitel sind Worte wie Topmanagement gefallen. Sie implizieren eine Stufenhierarchie. Zwei Pole: oben und unten. Passt diese Struktur aber noch zur neuen Aufstellung, die voll auf Partizipation setzt? Streng genommen sind wir mit der Beschreibung der nachgeschärften Rollen jetzt an einem Punkt, an dem die begriffliche Unterscheidung zwischen oben und unten sprachlich wie faktisch gar nicht mehr passend ist. Schließlich bilden die Mitarbeiter den Kern, den Chief Officers und Capcoaches umschließen.

12.3.3 Der Core, die Mitarbeiter

»Im Kern schlägt das Herz.«

Das Zusammenspiel von Vorstand und Führungskräften ist für ein Unternehmen von größter Bedeutung. Dennoch: die Kernleistung eines Unternehmens wird von den Mitarbeitern erbracht. Deshalb sollten wir sie bei einer Detailbetrachtung einer idealtypischen Aufstellung keinesfalls außenvorlassen. Unzählige Abläufe greifen in Konzernen und Unternehmen ineinander, damit Produkt, Service und Erfolg stimmen. Welche Anforderungen kommen auf jeden Einzelnen zu, damit das reibungslos funktioniert – unabhängig vom Jobprofil? Und was heißt es eigentlich, der Kern zu sein?

Ohne die Belegschaft würde jedes Unternehmen stillstehen. Von Vertrieb bis IT, von Marketing bis Kundenservice, von Verwaltung bis Logistik – jeder Bereich muss laufen, um den Erfolg und das Gesamtergebnis nicht zu gefährden. Und das ist mit Druck verbunden, den die Mitarbeiter in ihrem täglichen Doing spüren.

Nicht nur das Daily Business fordert Einsatz und Commitment der Mitarbeiter. Gleiches gilt für Veränderungsinitiativen: ohne Akzeptanz durch die Mitarbeiter scheitern sie kläglich. Deshalb hält nahezu jedes Transformationshandbuch den Ratschlag bereit: *Vergessen Sie nicht die Mitarbeiter mitzunehmen!* Dafür ist eine kommunikative Strategie hilfreich, die Formulierung einer glaubwürdigen und überzeugen Change-Story, die mindestens Antworten geben muss auf die Fragen: Why (Warum müssen wir uns verändert?), How (Wie verändern wir uns?) und What (Und was müssen wir dafür tun?).

Hohe Erwartungen von innen nach außen – und zurück

Von den Chiefs und Capcoaches dürfen die Mitarbeiter vor allem eines erwarten: Handlungssicherheit – und das von zwei Seiten: von den Chief Officers einerseits hinsichtlich der langfristigen, strategischen Leitplanken – und immer mit einem Blick auf Risiken und Regulatorik sowie die Gesamtlage der Finanzen. Von den Capcoaches andererseits hinsichtlich der Wege zum strategischen Ziel, der operativen Überführung und des Auslotens konkreter Verbesserungen in ihren Fachgebieten. Im Gegenzug richtet sich an die Mitarbeiter die Erwartung, den Einsatz zu zeigen, der erforderlich ist, die zum Teil ambitionierten Pläne und Wachstumsziele nach besten Kräften zu unterstützen. Wenn sich die Vorgaben nicht umsetzen lassen oder es hakt, haben die Mitarbeiter mit den Capcoaches Ansprechpartner aus den eigenen Reihen, die zwar eine exponierte Stellung haben – ihr Ohr aber genau dran haben hinsichtlich dem, was passiert – oder eben auch nicht. Geschönte Projektpläne für den Vorstand dürften – ja müssen – damit der Vergangenheit angehören.

Zudem gilt es festzuhalten, dass die Erwartungen der Mitarbeiter zuletzt gestiegen sind. Flexibilität, Wertschätzung und Eigenverantwortung sind aber keine Einbahnstraße. Soll heißen: Wer Flexibilität fordert, muss auch selbst bereit sein, diese zu geben. Wer Eigenverantwortung fordert, muss am Ende auch bereit sein, das Gesamtergebnis zu verantworten. Nicht jeder Kollege sieht das heute schon so.

Mitarbeiterentwicklung verdient Priorität

Die Rolle für Capcoaches hinsichtlich der Führung der Mitarbeiter bleibt auch zukünftig herausfordernd. Damit es im Kern läuft, ist es notwendig, dass der Capcoach die Weiterentwicklung der Fähigkeiten und Talente der Vertreter des Kerns forciert. Die Capcoaches kennen die Leistungsträger, stärken sie und erkennen, wer das Potenzial hat, jetzt und in Zukunft Verantwortung zu übernehmen. Damit behalten auch die in Teil 2 beschriebenen Mechaniken zur Stärkung der Eigenverantwortung der Teams ihre Gültigkeit. Nur so wird der Kern selbst dauerhaft transformationsfähig. Es geht darum, der Kreativität, die in der Belegschaft liegt, die Möglichkeit zu geben, sich aus der Deckung zu wagen.

12.4 Wie arbeiten wir in diesem Modell zusammen?

»Im Kern schlägt das Herz.«

Legen wir die Aufgaben von Capcoach, Chief und Core zusammen, ergibt sich ein vollständiges Bild. Allein ist jede Rolle für sich auf Dauer nicht transformationsfähig. Gemeinsam hingegen decken sie alle Fähigkeiten ab, die es für ein erfolgreiches Wirtschaften und Transformieren braucht. Capcoach und Chief geben dem Kern eines Unternehmens – den Mitarbeitern – explizit Raum, aber auch Sicherheit zur Erfüllung der Ziele konkret und nachhaltig beizutragen. Die folgenden Unterkapitel beschreiben, wie das 3C-Modell unserer eigenen Anforderung – Klarheit in der Form der Zusammenarbeit – gerecht wird.

12.4.1 Die Basis: Kooperation auf Augenhöhe

»Der Anfang von allem.«

Das 3C-Modell funktioniert nur bei einer hohen, gegenseitigen Kooperationsbereitschaft. Abstimmungen passieren im Verbund und nicht von oben nach unten. Miteinander sprechen und vereint statt nacheinander handeln ist das Prinzip, das für alle Unternehmensebenen gilt. Und das bedeutet, dass Vorstände weniger vorgeben, was in den Teams der Capcoaches passiert – solange sie auf Kurs segeln, das Ziel erreichen und eine gleiche kulturelle Ausrichtung teilen. Stattdessen geben die Chiefs vor, in welchen Gewässern gefahren wird und machen transparent, warum das so ist.

Dazu gehört es, dass die mittleren Manager ihre Vorstände nicht mehr mit operativen Details belästigen – und vice versa. Gleiches gilt für die Mitarbeiter. Viele halten ihre Vorgesetzen auf dem Laufenden. In der Praxis beobachten wir jedoch, dass es Mitarbeitern zuweilen durchaus schwerfällt, die Kollegen auf gleicher Ebene einzubinden. Für wen kann diese Info noch relevant sein? Wen brauche ich noch für dieses Vorhaben? Mit wem sollten wir uns abstimmen? Während man die Führungskraft auf dem Laufenden hält, um die eigene Leistung transparent zu machen, halten Kollegen untereinander mit Infos zurück, obgleich der Kollege nur einen Anruf oder Raum entfernt ist. Auch hier kann das corebasierte Modell ein Anlass sein, Kommunikations- und Abstimmungsstrukturen neu auszurichten. Informationsflüsse müssen aussehen wie ein Spinnennetz. Die Mitarbeiter müssen verstehen, wie wichtig es ist, Wissen mit anderen im Kern zu teilen, Vernetzung aktiv zu suchen und damit die Idee von Teamwork und Kooperation Wirklichkeit werden zu lassen. Und die Capcoches genau diese Prozesse anregen und vorleben.

Win-win-win-Situation

Durch die Neuaufstellung werden die Mitarbeiter ins Zentrum gerückt. Damit erfährt das Gros der Kollegen im Unternehmen eine unmittelbare Aufwertung. Der Vorstand wird über die Schärfung seines Profils ausgewertet: Er setzt die Rahmenbedingungen, denkt strategisch langfristig voraus und setzt den Fokus. Besonders engagierte und erfolgreiche Führungskräfte werden zum Capcoach und erhalten die Sichtbarkeit, die ihrer Tätigkeit entspricht. Die anderen haben die Chance sich in dies Rolle hineinzuentwickeln oder übernehmen weiter disziplinarischer Führungsaufgaben bzw. stärker koordinierende Funktionen. Durch die Profilschärfung in allen Bereichen und Funktionen entsteht eine Win-win-win-Situation – jedes der drei C gewinnt hinzu: Chiefs, Capcoaches, Core. Das wirkt sich positiv auf die allgemeine Kooperationsbereitschaft aus.

12.4.2 Die Konsequenz: Der Abschied der Hierarchie-Pyramide

»Goodbye Pyramide, Goodbye Top-Down und Bottom-Up!«

Wohin, außer nach unten, kann ein Chief sehen, wenn er oben »an der Spitze« eines Unternehmens steht? Das mit der Augenhöhe wird so schwer. Von außen auf einen inneren Kern zu blicken, macht da schon psychologisch einen Unterschied. Daher ist dieser Perspektivwechsel so bedeutend!

Denken wir die 3C-Idee zu Ende bedeutet das Modell die konsequente und klare Abkehr von der bekannten Hierarchiepyramide, die den Status quo der meisten Unternehmen beschreibt. Oben der Vorstand, darunter die mittleren Manager und dann der große Unterbau. Mit dem neuen Bild lösen wir uns genau davon. Was nach Revolution klingt, ist dabei einfach nur eine Neusortierung der Kräfte.

Abb. 4: Die Gegenüberstellung veranschaulicht die wesentlichste Veränderung im 3C-Modell: Die Hierarchie-Pyramide wird abgelöst durch eine Struktur und Denkweise, die die Mitarbeiter ins Zentrum (Core) stellt. Capcoaches und Chief Officers umrahmen den Kern mit ihrem jeweiligen Blickwinkel und geben damit Raum und Sicherheit zu gleich. Innerhalb des Cores sind unterschiedlichste Strukturen möglich. Je agiler, umso zielführender.

Das Ende von »die da oben«
Die Hierarchiepyramide ist also abgeschafft. Damit endet auch die Ära von »Die da oben«. Es ist an jedem Einzelnen (auch im Kern) zu artikulieren, welche Veränderung warum notwendig ist. Partizipation heißt eben auch: nicht nur Input geben und zurücklehnen, sondern selbst Ärmel hochkrempeln und ins Tun kommen statt mit dem Finger auf andere zeigen. Wir sind alle Teil des Kerns und können ihn von Tag zu Tag zu einer besseren Unternehmung machen. Gesteuert wird dieser Prozess vor allem von den Capcoaches: Nicht umsonst ist es Pflicht, dass Kapitäne, deren Tugenden zumindest zur Hälfte als Inspiration für den Begriff Capcoach dienen, als erste und letzte von Bord gehen.

Mit der Abkehr von der Pyramide verabschieden wir uns also von Attributen, die auf eine räumlich-wertende Einordnung einzelner Personengruppen im Gesamtkonstrukt hindeuten. Entsprechend verbannen wir Begriffe wie *»Oben/Top«*, *»Unten/Bottom«* auf den noch folgenden Seiten. Statt einer solchen auf den Raum ausgelegten Verortung sollten die Akteure durch ihre Funktion (z. B. Chief of Operations) benannt werden.

12.4.3 Die Methode: Agilität und Anschlussfähigkeit bestimmen

»Agile Methoden? Kein Problem!«

Mit dem Kern stärken wir die Mitarbeiter – und damit auch ihre Fähigkeit, eigenverantwortlich zu handeln. Ziel: Alle Elemente im Kern lernen schnell und angemessen auf die Herausforderungen der Transformation zu reagieren. Entsprechend dominiert innerhalb des Kerns eine agile Arbeitsweise und die Fähigkeit, zwischen verschiedenen Methoden ohne große Reibung wechseln zu können.

Im Grunde können wir jeden Mitarbeiter wie ein Atom begreifen. Die Atome finden sich zu Teams – also Molekülen – zusammen. Jeder Mitarbeiter könnte projektbezogen sogar in mehreren Einheiten dieser Art gleichzeitig unterwegs sein – solange er nicht hinsichtlich der Zeit doppelt und dreifach gebucht wird. Dafür braucht es entsprechende koordinierende und synchronisierende Einheiten. Klar ist: Nur vereint kann ein Arbeitsergebnis entstehen. Alleingänge sind bis auf wenige Spezialgebiete nur selten von Erfolg gekrönt.

Im Kern finden wir entsprechend vor allem agilen Arbeitsmethoden vor: Die agilen Teams kommen im Core zusammen, um zielorientiert und eigenverantwortlich zu arbeiten – gesteuert von Productownern einzelner Projekte oder Streams. Übergreifende Koordinatoren stimmen die Ergebnisse der verschiedenen Teams aufeinander ab, planen und legen das Gesamtmosaik und unterstützen den Capcoach eines Bereichs so in seinem Wirken. Wir treten mit dem 3C-Modell also nicht in Konkurrenz mit agilen Methoden – im Gegenteil: Wir versuchen die Anbindung agiler Konstrukte zur Unternehmensleitung und vorhandenen Hierachieformen zu konkretisieren – die bislang ungelöste Frage.

Korrespondierende Methoden
Querschnittfunktionen wie HR ergänzen die Struktur innerhalb des Cores. Und so wie der Capcoach disziplinarisch den Chief Officer unterstellt ist, so kann auch der Capcoach weitere Führungskräfte unter sich haben, die zum Beispiel zum Status der Zielerreichung reporten oder das operative Geschäft sicherstellen. Hierarchien im Kern sind also möglich, aber mit so wenigen Stufen wie nötig.

Wichtig ist, dass die verschiedenen Akteure die Regeln der Methoden kennen und Aufgaben, Informationen und Erkenntnisse zwischen allen Ebenen unkompliziert und schnell ausgetauscht werden können. Einzelne Silo-Systeme müssen nach und nach abgeschafft und Entscheidungen für einige grundlegende Standards getroffen werden. Der entscheidende Erfolgsfaktor: Die Methoden der verschiedenen Teams korrespondieren. Wenn das eine Team agil arbeitet, muss klar sein, wie der Austausch mit Kollegen funktioniert, die klassische Methoden einsetzen. Das beginnt bei gleichen oder zumindest miteinander korrespondierenden Systemen (von A wie Ablage bis Z wie Zeiterfassung) und reicht bis zur menschlichen Komponente, in der trotz unterschiedlicher Arbeitsweisen nicht das Gefühl einer Zwei- oder Dreiklassengesellschaft aufkommen darf.

Zusammengefasst lässt sich sagen: die Mitarbeiter sind die Gestalter, die den Kern mit Leben erfüllen und dafür Raum, aber eben auch Halt brauchen. Und so darf man sich diesen nicht als grauen, tristen Trabanten wie den Mond vorstellen, sondern als lebendiges Konstrukt, das sich jeden Tag – unter der Leitung der Capcoaches – durchaus neu erfindet und dabei an dem ausrichtet, was von den Chief Officers als Leitplanken vorgegeben wird.

12.4.4 Das Vehikel: Gemeinsame Ziele

»Viele Akteure – aber nur ein gemeinsames Ziel«

Damit sich Chief und Capcoach nicht gegenseitig torpedieren und in gegenteilige Richtung ziehen, braucht es Klarheit über die Ziele. Welches konkrete Ziel soll, ja muss, die kommenden Jahre erreicht werden? Was muss in zwei, drei oder fünf Jahren anders sein? Ein einheitliches Verständnis für gemeinsame und handfeste Zielen ist unabdingbar.

Diese werden im engen Austausch erarbeitet. Die Chief Officers geben vor, wo sie warum hinmöchten und repräsentieren. Welche Zahlen und Ergebnisse fordern externe Stakeholder wie Aktionäre? Welche Marktveränderungen erfordern eine Anpassung? Die Capcoaches sorgen mit ihrem Blick für den notwendigen Machbarkeits-Abgleich: Wie sind ambitionierte Vorhaben in der Linie umsetzbar? Wie sieht der Weg zum Ziel aus? Wo gibt es gefährliche Engstellen? Und welche Ziele erscheinen mit Blick aus der Linie besonders verfolgenswert? Welchen Zielinput gibt es zudem aus der Operative? In diesem Austausch wird definiert, welches Ziel angesteuert wird und welche konkreten Key-Performance-Indikatoren (kurz KPIs) man daraus ableitet. Einmal darauf verständigt, liegt die Verantwortung, dieses zu erreichen dann primär bei den Capcoaches und ihren Mannschaften.

Das reine Erreichen von KPIs macht Führungskräfte und Teammitglieder auf Dauer jedoch mürbe. Ein Ziel darf – zumindest on the long run – keine reine Zahl sein. Beispiel. Ein Ziel wie *»Wir wollen Marktführer werden und den bisher größten Player überholen«* gibt keine Antwort auf das Warum. Daher braucht es eine inhaltliche – idealerweise Sinn stiftende – Komponente.

Definition: Vision, Mission und Purpose

Das Forbes-Magazin hat die Begriffe Vision, Mission und Purpose plakativ zusammengefasst: Die Vision ist das Bild. Die Mission ist der Fahrplan, dorthin zu gelangen. Und Purpose beschreibt den Sinn und Zweck des Unternehmens, der alle, die daraufhin arbeiten, vom CEO bis zum Hausmeister, eint.

Der Purpose vermittelt zudem ein gutes Gefühl – und das nicht erst dann, wenn große Ziele erreicht wurden, sondern schon auf dem Weg dorthin (Corneberger, 2020). »Man kann auch sagen: Purpose fügt den Missions- und Visions-Statements eine klare Antwort auf die Frage ›Warum‹ hinzu«. (Linke, 2016)

Über die Erarbeitung solcher Visions-, Missions- und Purpose-Statements ist in der Vergangenheit schon viel geschrieben worden – und in manchen Unternehmen werden diese Begriffe inflationär oder gar falsch verwendet. Doch ganz gleich wie Sie es auch nennen: Es braucht einen Leitstern. Etwas zum Festhalten. Woran man ausdiskutieren kann, ob eine Maßnahme auf eine Vision bzw. übergeordnetes Zielbild einzahlt oder einen Purpose und damit den Sinn und Zweck der Unternehmung stützt – oder eben nicht. Das ist genau die Grundlage, auf der Chief Officers und Capcoaches in die Diskussion gehen. Minimum ist eine gemeinsame Vision als Ziel. Daraus lassen sich strategische Ziele ableiten, die dann wiederum auf die Operative heruntergebrochen werden.

Führen über Ziele
Im 3C-Modell wird also primär über Ziele geführt. Die Capcoaches übernehmen die Verantwortung, womit auch Freiraum in der Art und Weise der Umsetzung einhergeht. Diese Ziele werden wiederum in Teilziele für die darunter liegenden Teams heruntergebrochen, die ebenfalls möglichst eigenverantwortlich für diese Erfüllung einstehen. Wenn es hakt, geht man entsprechend in Rücksprache und fühlt den Druckpunkten auf den Zahn. Und klar ist auch: Die Erfüllung von Zielen geht mit Ressourcen einher. Auch hier hilft die Vision bei der Priorisierung. Und weil sich kein Ziel nur rein strategisch und ohne die Operative erreichen lässt, ist es so wichtig, dass das Gestalterische durch die Funktion der Capcoaches eine Aufwertung erfährt.

Die Ziele und Visionen schaffen, basierend auf einer einheitlich gelebten und anerkannten Unternehmenskultur, neben dem Fokus auf Agilität die Grundlage für eine Klarheit in der Zusammenarbeit, die wir in Kapitel 11.2 als eine entscheidende Voraussetzung definiert haben.

12.5 Werte und Kultur als Antwort auf die Frage der Haltung

»Einheit braucht Übereinstimmung«

Als Anforderung an ein neues Modell haben wir uns selbst das Thema einer klaren Haltung auferlegt. Wie wird das 3C-Modell dieser Herausforderung gerecht? Wie können wir sicherstellen, dass Chiefs und Capcoaches trotz der unterschiedlichen Rollen in Position und Haltung geeint sind oder perspektivisch zumindest zusammenwachsen?

Die Antwortet lautet: Investition in gemeinsame Werte und die Entwicklung eines gemeinsamen Wertesets. Gemeint sind Werte, die man im täglichen Miteinander im Betriebsalltag lebt – kein Leitbild, dass man als Poster an die Wand hängt, aber das mit der gelebten Wirklichkeit wenig zu tun hat. Stattdessen Werte, die wie ein Kompass helfen, in der Praxis gute Entscheidungen zu treffen: Passt diese Maßnahmen zu unserem Wertekorridor? Wie geht diese Investition mit unserer Identität zusammen? Welche Dinge sollten wir nicht mehr tun, wenn wir dem eigenen Anspruch gerecht werden möchten? Gemeinsame Werte helfen bei der Beantwortung von Fragen wie diesen. Sie sind Ausdruck einer funktionierenden und damit berechenbaren Unternehmenskultur. Sie geben Sicherheit, wenn alles um uns herum unberechenbar erscheint. Tief genug verankert, sind Werte der Ausdruck von Moral und damit genau der Anfang der Haltung, die wir in Kapitel 10.3 als wesentliche Voraussetzung definiert haben.

Culture of Excellence

Erlebbar werden die Werte im täglichen Miteinander – also in der Unternehmenskultur. Doch wie sieht eine Kultur konkret aus, die von einem konstruktiven Miteinander und einer Kommunikation auf gleicher Augenhöhe geprägt ist und die unser 3C-Modell so dringend bedarf? Prof. Dr. Frey und sein Team haben die Parameter definiert, wie eine »Center-of-Excellence«-Kultur aussehen und entstehen kann. Dafür wurden konkrete Kategorien definiert, die einen großen Einfluss »auf die Wandlungsfähigkeit und Innovationskraft eines Unternehmens haben (Walter 2016, S. 183). Dazu zählen:

- Problemlösekultur
- hierarchiefreie Kommunikationskultur
- konstruktive Fehler- und Lernkultur
- Streit- und Konfliktkultur
- Frage- und Neugierkultur
- Fantasie- und Kreativitätkultur

Diese Beschreibung zeigt die Dimensionen, auf die Chiefs und Capcoaches geeinte Antworten und Einschätzungen entwickeln müssen. Zwei, drei Personen alleine können nicht in all diesen Facetten zugleich stark sein. Damit belegen auch die Dimensionen der Unternehmenskultur, dass es für eine differenzierte Sicht auf die Dinge durchaus Vielfalt in den Meinungen und Stärken braucht. Eine gemeinsame Haltung heißt also nicht, immer einer Meinung zu sein – sondern vor allem Atmosphäre und Raum zu schaffen, über diese Frage angemessen zu diskutieren. Deshalb nimmt in den systematisierten Abstimmungen zwischen Chief und Capcoach nicht nur der Abgleich zwischen Strategie und Operative Raum ein, sondern auch die Arbeit an den Grundlagen. An Werten, die zu Positionen führen. An Positionen, die das Unternehmen reifen und weiterkommen lassen.

Der Anfang einer Haltung liegt im Modell selbst

Eine Haltung entsteht nicht von heute auf morgen. Das 3C-Modell erleichtert diesen Prozess, denn im Modell selbst ist eine menschzentrierte Haltung per se bereits angelegt: Der Wechsel, die Mitarbeiter ins Zentrum zu stellen, ist Ausdruck dieser Haltung und markiert damit eine Geisteshaltung, die erst der Anfang vieler neuer Erkenntnisse sein kann. Ein bisschen wie Kopernikus und das heliozentrische Weltbild, das entsprechend lange brauchte, bis es gesellschaftliche Akzeptanz fand und zeigt, welche Diskussionen allein die Anordnung von verschiedenen Akteuren in einem System zur Folge haben kann.

12.6 Erfolgsfaktoren

»Damit aus Theorie Praxis wird!«

Damit unser 3C-Modell – bestehend aus Chiefs, Capcoaches und dem Core – tatsächlich die passenden Antworten auf die Herausforderungen unserer Zeit liefert, müssen mehrere Erfolgsfaktoren erfüllt sein.

Abhängigkeiten, die über die Anwendbarkeit in der Praxis entscheiden, bestehen insbesondere in Form der handelnden Personen, ihrer Akzeptanz, ihrer Anerkennung und dem Erfüllungsgrad ihrer Pflichten. Kurzum: Es hängt am Menschen. Wenn er sich an klaren Prinzipien ausrichtet, kann er die Erfolgschancen aktiv beeinflussen.

12.6.1 Die richtigen Personen an den richtigen Positionen

»Vielseitigkeit im Ganzen, Passung im Speziellen«

Das Prinzip aus mehreren Capcoaches und Chief Officers macht sich dem simplen Effekt der breiteren Masse zu Nutze. Nicht jeder kann alles. Gemeinsam ergänzen sich Aufgaben und individuelle Stärken. Das Prinzip geht aber nur auf, wenn das Spektrum an Persönlichkeiten und Charaktereigenschaften breit aufgestellt und gemäß Eignung verteilt ist.

In Kapitel 2 haben wir konstatiert: Mancher Vorstand und manche Führungskraft suchen sich gern ihresgleichen. Bürokraten suchen Verwalter. Macher suchen Aktionisten. Risikoaverse suchen Zurückhaltende. Man sucht, was einen selbst bestätigt, was man beherrschen kann und was man versteht. Doch genau das darf nicht passieren. Dann wird aus einem Unternehmen ein Haufen Lemminge, die in Reih und Glied einander hinterhertrotten – und dabei Gefahr laufen, den Abgrund zu übersehen. Der wache Blick auf das Transformationsfeld wäre massiv eingeschränkt. Denn es braucht ganz im Gegenteil Weitblick und Mut, Veränderungsnotwendigkeiten zu erkennen und Meinungen auszusprechen und zu diskutieren. Es braucht Mut, zu intervenieren, wenn man merkt, dass der Abgrund – um beim Bild der Lemminge zu bleiben – bald erreicht ist. »Unterschiedliche Perspektiven einzubeziehen und sich der eigenen Begrenztheit bewusst zu sein, macht es einfacher, mit Komplexität umzugehen« (Permantier, 2019, S. 33).

Klar ist auch: Chiefs sind andere Charaktere als Capcoaches. Die Rollenschärfung im 3C-Modell verfolgt das Ziel, Persönlichkeit und Position passend zusammenzubringen. Auf der einen Seite Besonnenheit, Nüchternheit und Faktenblick, was die Strategie und Gesamtverantwortung angehen. Mut, Ideenreichtum und Machbarkeits-Check, was die Umsetzung von ambitionierten Zielen auf der anderen Seite betrifft.

Den Rollen auch Raum geben
Beide Außenhälften des Kerns – Chiefs und Capcoaches – brauchen Verständnis für den anderen. Chiefs, die aus Angst vor Regulatorik jeder Idee einen Riegel vorschieben sind ebenso wenig konstruktiv wie Capcoaches, die Luftschlösser planen, die sich nicht finanzieren lassen – oder Ziele per se als nicht realisierbar einschätzen. Kurzum: Beide Positionen brauchen Personen, die dem jeweiligen Profil entsprechen. Beide Positionen müssen sich Raum zum Ausführen der jeweiligen Rolle lassen. Und sie brauchen Wissen und Akzeptanz über die konkrete Rollen- und Aufgabendefinition des anderen. Die einen brauchen die anderen – und erkennen das an. Ein Umstand, aus dem heraus zum ersten Mal echte Augenhöhe entsteht.

Gesucht: Personen mit Strahlkraft
Damit die Personen auf ihren Funktionen auch wirken können, braucht es einige Eigenschaften. Zum Beispiel Charisma, welches wir in Kapitel 8.1 schon gestreift haben. Ein einnehmendes, mitreißendes Wesen ist nicht nur für mittlere Manager, sondern natürlich für beide C-Positionen (Chief und Capcoach) hilfreich. Für die Vorstandsmitglieder, um externe Stakeholder zu begeistern – so zum Beispiel die Aktionäre oder die breite Öffentlichkeit. Gleiches gilt aber auch für die Capcoaches, die den Rückhalt der breiten Masse brauchen, damit ihr Wirken das Unternehmen überhaupt durchdringt. Das bedeutet nicht, dass jeder Chief Officer oder Capcoach nun der geborene Redner und eine Inspirationsquelle par excellence sein muss – aber es braucht zumindest einige strahlkräftige Personen mit genau diesem Kaliber, die die anderen mitziehen und als wichtige Identifikationsfiguren des Boards nach außen und innen fungieren – und damit gleichzeitig das Innerste des Kerns repräsentieren.

Zusammenfassend lässt sich also sagen: Eine transformationsbereite Organisation braucht **Vielfalt** – in den Perspektiven, in der Wahrnehmung, im Expertenwissen – und **Passung**, was die Vertreter dieser Perspektiven und ihrer Positionen betrifft. Nicht jeder fähige Manager kann und muss Vorstand werden, es geht darum, transformationsrelevanten Fähigkeiten auch über den Tellerrand des bisherigen C-Levels zu nutzen und in angemessener Funktion zu verankern.

12.6.2 Pflichten erfüllen, Anerkennung teilen

»Verantwortung und Wertschätzung funktionieren nur als Duo.«

Jede Aufgabe geht mit Pflichten einher und der Übernahme von Verantwortung. Geschieht das, sollte daraus Anerkennung folgen und Wertschätzung für die Bereit-

schaft, diese Pflichten und Verantwortung zu übernehmen. Daraus abgeleitet stellt sich die Frage: Wie wird der Einsatz der Capcoaches honoriert? Und wie werden die Capcoaches ausgestattet, um handlungsfähig genug zu sein, ihren Pflichten auf dem Platz auch nachzukommen?

Klar ist: Capcoaches brauchen Akzeptanz. Diese ist zum einen selbst zu erarbeiten – zum Beispiel durch die Fähigkeit andere mitzunehmen, ja besser mitzureißen. Gestützt werden sollte sie durch klar definierte Befugnisse, die mit der Rolle einhergehen. Soll heißen: Capcoaches müssen als solche erkennbar sein. Im Fußball gibt es die Kapitänsbinde. Im Businesskontext kann es die Etablierung des Capcoach als offizieller Titel sein. Außerdem erkennbar sind sie durch ihre Nähe und unmittelbaren Zugang zu den Chiefs. Über das, was im Team des Capcoaches passiert, kann und muss dieser allein entscheiden, angefangen bei Gehaltserhöhungen für das Team bis hin zu Projektpriorisierungen. Das gilt zumindest so lange, wie das Ziel nicht in Gefahr ist. Dafür braucht es Glaubwürdigkeit oder Authentizität – kurzum Credibility.

Um der Aufgabe gerecht werden zu können, braucht ein Capcoach entsprechende Vollmachten und eine feste organisatorisch-strukturelle Verankerung in einem offiziellen Managementboard. Klar ist auch: die Gesamtverantwortung für das große Ganze liegt beim Vorstand – und damit auch die Entscheidungshoheit. Einzelne Teile aus dieser durchaus großen Last lassen sich aber herausschneiden und an die jeweilig zuständigen Capcoaches übertragen. Eine Verantwortungsübertragung, die sich diese bewusst machen müssen. Denn Verantwortung bedeutet Druck aushalten. Das zeigt wiederum: Nicht jeder guter Fachexperte wird einer Capcoach-Rolle gewachsen sein.

Aber es zeigt auch: Auch wenn das Modell für alle Beteiligten gesichtswahrend bleibt, geben die Chief Officers – wo rechtlich und organisatorisch möglich – Verantwortung ab. Das ist primär eine Erleichterung und bietet die Chance, eine überfrachtete Rolle zu entzerren. Der eine oder andere wird sich aber schwertun, operativ zurückzuhalten. Und auch die Capcoaches sind gefordert. Je mehr Verantwortung sie explizit zugesprochen bekommen, umso mehr Verantwortung für Arbeitspakete müssen sie in den Kern, an ihr Team, verteilen. Das geht nur mit ausgeprägten Führungsskills.

Verantwortung …

Welche Pflichten gehen also mit einer Rolle als Capcoach einher? Dazu gehört

- die Pflicht mehr als nur den eigenen Bereich am Laufen zu halten,
- der Mut, offen auszusprechen, was sich verändern muss,
- der Weitblick, zu bewerten und verstehen, was davon Zeit braucht und was nicht,
- die Analysefähigkeit, konkrete Verbesserungsideen und Antworten auf die strategischen Leitfragen zu geben,
- das Herzblut, nicht aufzugeben,

- die Bereitschaft mit anderen Kapitänen ein Team zu bilden, auch wenn es bislang persönliche Befindlichkeiten gab.

Kurzum: Es gilt, persönliches hinter sich zu lassen – und die Eigenschaften vorzuleben, die man sich auch von den Chief Officers wünscht.

... aus Überzeugung
Warum sollten ausgewählte mittlere Manager ein Interesse haben, diese mit diesen Pflichten ausgestatte Rolle des Capcoaches anzunehmen? Sie tun das in erster Linie aus der Überzeugung, einen wichtigen Beitrag leisten zu können. Sie haben das Ansinnen, etwas besser zu machen als vielleicht eigene Führungskräfte, die sie selbst erlebt haben. Sie wollen zudem den Fortbestands, des Unternehmens, für das sie arbeiten, dauerhaft sichern. Und sie wollen nicht zuschauen wie ein anonymes Management-Board Fehler macht und kurzfristig orientierte Entscheidungen trifft. Stattdessen: sich einbringen mit ihrer Perspektive und das Unternehmen gestalten. Auch wenn sie dabei feststellen, dass auf komplexen Fragen unserer Welt sich eben nicht immer leichte Antworten finden lassen und in dieser neuen Rolle auch mal ins Straucheln geraten.

Kurzum: Es sollen die als Capcoach honoriert werden, die sich mit den Kernaufgaben eines Vorstandsposten weniger wohlfühlen – aber die Kompetenzen mitbringen, Transformationsfragen konkret zu lösen.

12.6.3 Zusammenfassung: Konkrete Erfolgsprinzipien

»In a nutshell: Damit steht und fällt das 3C-Modell«

An dieser Stelle stellen wir konkrete Erfolgsprinzipien plakativ zusammen. Was muss erfüllt sein, damit das 3C-Modell funktionieren kann?

- Chiefs sprechen den Capcoaches ihr Vertrauen aus und lernen, sich operativ zurückzuhalten
- Die Capcoaches übertragen die Vision des Unternehmens eigenverantwortlich in ihren Bereich
- Jeder Mitarbeiter im Core versteht, wie er zum Unternehmensziel aus seiner Position beitragen kann
- Die Rollen werden strukturell verankert – die Formulierung (ob Capcoach, Pate oder Cheftrainer) ist zweitrangig
- Die Transformation wird fester Teil der Unternehmensstrategie
- Die Weiterentwicklung der Unternehmenskultur wird vorangetrieben, um auch kulturell der Core-zentrierte Modellausrichtung Rechnung zu tragen.

- Statt von oben nach unten wird ***core-basiert*** gedacht: Der Kern – die Mitarbeiter – rückt auch strukturell ins Zentrum und findet perspektivisch auch in Organigramm-Darstellungen Berücksichtigung.

13 Übertragung auf die Praxis

»Praxis statt Papier«

Papier ist geduldig. Und Modelle lassen sich in der Theorie so wunderbar einfach beschreiben. Die erfolgreiche Umsetzung steht auf einem anderen Blatt. Deshalb widmen wir uns auf den folgenden Seiten konkreten ersten Schritten und Mut machenden Beispiel, um das 3C-Modell zu implementieren und die Prinzipien daraus mit Leben zu füllen.

13.1 Implementierung und Verankerung

»Die ersten Schritte«

Führt man unser Modell ein, gehen damit strukturelle Veränderungen einher. Halbherzigkeit gilt also nicht. Das Credo lautet viel mehr: Ernst meinen und beherzigen – oder besser gleich sein lassen. Für diesen Zweck müssen natürlich zahlreiche Stakeholder im Unternehmen erreicht und begeistert werden.

Je mehr Überschneidungen mit den Arbeitsweisen aus dem 3C-Modell bereits vorhanden sind, desto weniger Überzeugungsaufwand ist zu leisten. So gibt es Unternehmen, in denen mittlere Manager schon wie von selbst die Rolle der Capcoaches leben. Hier geht es nur darum, diese zu institutionalisieren. In anderen Organisationen aber müssen Sandwichmanager erst einmal aus ihrer Komfortzone herausgeholt und auf die neue Rolle vorbereitet werden. Es muss definiert werden: Welche mittleren Manager kommen jetzt oder perspektivisch in Frage, die Rolle auszufüllen? Wie gestalten wir ihre Auswahl zukünftig? Und was ist an Vorbereitungen und Qualifizierung notwendig?

Zuerst: Überzeugung stiften

Um das C-Level zu überzeugen der anspruchsvollen Aufgabe gewachsen zu sein, hilft es dem potentiellen zukünftigen Capcoach natürlich Belege von erfolgreichen Transformations-Cases vorweisen zu können. Projekte, die man trotz Widerständen durchgekämpft hat. Meilensteine, die Captain- und Coach-Qualitäten anfassbar gemacht haben. Und Loyalität, schon einige gemeinsame Herausforderungen überstanden zu haben. An den Chief Officers ist es, kritisch zu hinterfragen, wer bislang welchen Anteil an den Transformationserfolgen geleistet hat – und wer sich eher durch Kosmetik und das Kleben kleiner Pflaster ausgezeichnet hat.

Wer vorsichtig beginnen möchte, kann zunächst mit einem Beirat der Capcoaches starten, um Erfahrungswerte zu gewinnen. Bitte aber nicht halbherzig. Ein Alibi-Gremium hat noch niemandem weitergeholfen. Wichtig ist eine Atmosphäre, in der die Capcoaches ihre Einschätzung oder unmittelbar ableitbare Konsequenzen für die Linie offen artikulieren können. Zu klären: Wann und wie kommen die Capcoaches und das bisherige Management-Board institutionalisiert zusammen?

Der Anfang eines Changeprozesses

Der Prozess, die Hierarchiepyramide abzulösen, hin zu einer Struktur, die auf dem Kern – den Mitarbeitern – basiert, braucht ein umfassendes Changekonzept. Jede Zielgruppe – vom Vorstand bis zum Mitarbeiter – hat unterschiedliche Fragen, auf die es Antworten braucht. Kurzum: Das »Why?«, das »What?« und das »How« müssen transparent gemacht werden. Bei der Beantwortung liefern die vorausgegangen Seiten – in erster Linie die beschriebenen Anforderungen – bereits jede Menge Futter. Insbesondere beim How lässt sich auf unternehmensspezifische Anforderungen Rücksicht nehmen.

- **Why:** Vorstände, Führungskräfte und Mitarbeiter verstehen, warum eine Veränderung der aktuellen Struktur notwendig ist – und dass für jede Rolle darin durchaus nennenswerte Vorteile liegen.
- **What:** Ein neuer Blickwinkel und eine neue Form der Zusammenarbeit wird eingeführt; die Pyramide durch ein auf dem Core basierendes Modell ersetzt.
- **How:** Rollenbesetzungen durchführen, verbleibende Hierarchien definieren sowie Formen der Zusammenarbeit und Kommunikation (Wege, Formate, Hilfsmittel) konkretisieren. Das beantwortet schon einige der wichtigsten Fragen nach dem *»Und wie machen wir das?«*. Ebenso braucht es ein Basisset an Regeln. Regeln sind anstrengend, geben aber auch Sicherheit. Entsprechend braucht es hier Leitplanken auf die Fragen: Wie arbeiten wir zusammen? Wie stimmen wir uns ab? Was läuft von selbst? Wo braucht es noch Koordinatoren? Im Fokus steht eine inhaltliche Vernetzung: Zwischen Capcoach und den (agilen) Teams, zwischen den Capcoaches selbst, zwischen Capcoach und Chief und gleichermaßen zwischen so vielen Einzelelementen des Kerns.

Der erste Schritt

Tipp: Beginnen sie doch damit, das aktuelle Organigramm ihres Unternehmens auf das 3C-Modell zu übertragen – mit der Operative als Kern. Sie werden feststellen: Viele Prozesse und Strukturen lassen sich im ersten Schritt beibehalten. Die einzelnen Akteure sind anders angeordnet, nehmen ihre Aufgaben aber in vielen Fällen mit. Damit alle Beteiligten den zugeschriebenen Rollen dauerhaft gerecht werden, muss sich jedoch mehr ändern als nur die Struktur auf dem Papier. Das gilt vor allem für die Aufgabenabgrenzung zwischen Chiefs und Capcoaches.

Wichtig ist, die Schnittstellen zwischen den einzelnen Rollen zu betrachten und alle 3 Cs als zentrale Erfolgsfaktoren zu begreifen: die Chiefs, die Capcoaches – und den Core. Für Akzeptanz dieses Credos auf allen Ebenen braucht es Durchhaltevermögen.

Dieses Vorhaben anzupacken ist damit gleich die erste Challenge, in der Sie als mittlerer Manager beweisen können, ob sie bereit sind, für eine Sache einzutreten. Und für Vorstände ist es die Chance, sich und ihre Rolle neu zu definieren – und für die Zukunftsfähigkeit des Unternehmens auch einmal das Ego zurückzunehmen. Es gibt auf der Haben-Seite nichts zu verlieren – nur neue Perspektiven zu gewinnen.

13.2 Proof of Concept: Fallbeispiele

»Von der Anwendung in der Praxis«

In seiner Reinform ist das 3C-Modell noch in keinem Unternehmen im Einsatz. Das liegt in der Natur der Sache, schließlich ist der Ansatz in dieser Form und Kombination neu. Welche Fälle aber sind uns im Rahmen der Recherche begegnet, in denen Prinzipien und Elemente des 3C-Modell bereits erfolgreich und nachweislich Anwendung fanden? In diesem Kapitel nutzen wir die Cases der Praxis, um diese in Zusammenhang mit den Erfolgsfaktoren des 3C-Modells zu setzen.

Beispiel: Von Zusammenspiel und Vertrauen zwischen C-Level und Marketingleitung

Jens ist Marketing Director bei einem weltweiten Duty-Free- und Travel-Value-Anbieter und berichtet von einer bemerkenswert klaren Arbeitsaufteilung zwischen C-Level und seiner Person.

»Durch die Pandemie mussten wir uns als Marketingbereich mehr denn je der Relevanzfrage stellen: Was ist unser Wertbeitrag zum Unternehmenserfolg? Warum gibt es uns? Es war schwer darauf eine präzise eindeutige Antwort zu finden.

Als strategische Grundlage konnte ich auf einem neuen Leitbild fürs gesamte Unternehmen aufsetzen. Auf dessen Basis habe ich eine Vision für meinen Bereich und seine drei Abteilungen entwickelt. Diese habe ich im nächsten Schritt mit einem Team aus fünf Personen diskutiert. Dann gab es einen ersten Abgleich mit dem Vorstand, um hier Input und Passung ins Gesamtkonstrukt abzufragen. Und so ging es Schritt für Schritt weiter und ich habe den Kreis der eingebundenen Personen (z. B. Partnerabteilungen, Mitarbeiter und andere Stakeholder) sukzessive erweitert. Starten Sie also klein – und binden Sie dann weitere Personen ein. Die letzte Version habe ich dann noch einmal mit dem Vorstand geteilt und die Rückendeckung für meine Marketing-Vision erhalten. Diese enthält einen konkreten Wertbeitrag, der Klarheit bei den Mitarbeitern schafft und gleichzeitig anschlussfähig zum Leitbild und den Zielen des Unternehmens ist.

Aus unserer Vision für 2026 leiteten sich drei Anforderungen ab. Diese drei Anforderungen haben wir mit je einem Ziel entsprechend verankert, die zukünftig als Bewertungsraster von Maßnahmen herangezogen werden. So wird fürs Team klar: Was bedeutet unsere Strategie eigentlich für mein eigenes Spielfeld? Wie kann ich in meinem Wirkungskreis aufs große Ganze einzahlen? Zahlt eine Maßnahme auf alle drei Ziele ein, dann ›go for it‹, zahlt sie nur auf zwei Zielsetzungen ein, kann ein Umsetzung trotzdem sinnvoll sein. Qualifiziert sich eine

Maßnahme hingegen nur für ein Ziel, sollte die Umsetzung hinterfragt werden. So hat jeder Mitarbeiter einen simplen ›Quick-Check‹ an der Hand, der es leicht macht, im Running Business zu steuern.

Gleichzeitig arbeiten wir mit einer Matrix für Business-Development-Projekte: ›Die Einfachheit der Implementierung‹ einer Maßnahme auf der einen und der ›Impact auf die Umsetzung der Strategie‹ auf der anderen Achse. Alles, was einfach zu implementieren und hohen Einfluss hat, wird natürlich sofort umgesetzt. Alles, was aufwändig aber strategisch nur geringen Einfluss hat, wird zurückgestellt. Das hilft bei der Priorisierung und macht zudem transparent und nachvollziehbar, warum manche Dinge vielleicht auch nicht umgesetzt werden.

Auf persönlicher Ebene war mir klar, dass der Vorstand hinter mir steht. Auf dem fachlichen Level wurde sich mit Input und Kontrolle zurückgehalten, weil die Geschäftsleitung mir bei dieser Aufgabe vertraut hat – ganz im Einklang mit unseren Unternehmenswerten. Der Druck kam zu Beginn anfänglich stärker von den eigenen Mitarbeitern. Der Schmerzpunkt: fehlende Orientierung. Aber genau diese konnten wir dank der klaren Ableitung schaffen. Wie sich das Ergebnis heute anfühlt? Richtig gut.«

Erfolgsfaktor: Klare Aufteilung, Vertrauen und Transparenz schaffende Tools

Das beschriebene Beispiel hat Ähnlichkeiten zu den Prinzipien unseres 3C-Modells – auch wenn bei dem Beispiel in der Praxis natürlich mit anderen Begriffen gearbeitet wurde: Der Vorstand gibt die strategischen Leitplanken vor. Die Umsetzung dieser wird bereichsspezifisch – aber unter gegenseitiger Einbindung – entwickelt. Nach dem Commitment erfolgt die Übertragung in die verschiedenen Handlungsbereiche. Basis ist eine Vertrauenskultur, in der die Kompetenzen der Bereichsleiter geschätzt werden. Ernst gemeintes Teamplay eben. Die Mitarbeiter werden in ihrer Eigenverantwortung gestärkt, weil klare Tools auf dem Tisch liegen, welche Maßnahmen Mehrwert bringen, die entsprechend auch ganz ohne Einbindung von Führungskräften oder Vorstand angewendet werden können.

Beispiel: Von einer neuen Funktion auf dem Platz

Stefanie, wurde vom Vorstand als »Chef Trainer« eingesetzt – und trieb in dieser Rolle, die stark der eines Kapitäns ähnelt, das Erreichen ehrgeiziger Vertriebsziele voran.

»Im Jahr 2020 habe ich für die Dauer eines Jahres eine explizite neue Rolle eingenommen. Als Teil des oberen mittleren Managements wurde ich vom Vorstand zum ›Chef Trainer‹ für die Erreichung des konkreten Ziels ernannt. Mir als Trainerin wurde also ein klares Ziel vorgegeben. Das Erreichen einer ambitionierten Anzahl an Verkäufen über unsere Webseiten.

Den Auftrag – sowie die Rückendeckung – erhielten wir von unserem Vorstand. Er hat die Patenschaft für das Thema übernommen. Dadurch haben wir an Sichtbarkeit gewonnen. Rückenwind, mit dem wir Budgets, Kapazitäten und Prioritäten in die Mannschaft tragen konnten. Operativ haben wir uns eng abgestimmt. Welche Maßnahmen bzw. welche Kanäle in welchem Anteil zum Gesamtergebnis beitragen – bei dieser Frage hat man uns freie Hand gelassen. Eine Freiheit, die auch an die Abteilungsleiter und Teams unter mit weitergegeben habe. Dort sitzen die Experten. Ich sorge fürs Zusammenspiel. Neue Austauschformate haben diese Zeit begleitet – und bis heute Bestand. Und: In dieser Kombination haben wir das Ziel vollständig erreicht, ja sogar übertroffen. Zu Beginn der Zeit war die Einbindung des Vorstands als Pate noch sehr intensiv, nach und nach haben wir uns Freiraum erkämpft, die Ziele eigenverantwortlicher umzusetzen.«

Erfolgsfaktor: Trainer und Pate ergänzen sich und sorgen gemeinsam für Themenauftrieb

In diesem Case wurde eine konkrete neue Rolle eingeführt, die in Teilen der in Kapitel 11 beschriebenen Rolle des Capcoaches entspricht. Der Vorstand übernimmt die Rolle des Paten und sorgt für die Sichtbarkeit eines Themas im Management Board und verteidigt dieses – im Zweifel auch gegen Widerstände. Eine strukturelle Schärfung, die zur Erreichung der Ziele beigetragen und aus beiden Richtungen Rückenwind für Veränderung gebracht hat.

Beispiel: Von Transformation als selbstverständlicher Teil der Strategie

Charlotte, Vorstandsmitglied bei einem regionalen Energieversorger, beschreibt:

»Das Thema Wandel ist fest in unseren Strategieprozess eingebunden. Wie müssen wir uns angesichts disruptiver Entwicklungen intern anpassen, damit wir unsere Ziele für 2030 – Klimaneutralität und Sicherstellen unseres Versorgungsauftrages – erreichen können? Wir sind überzeugt: Um die Energiewende vor Ort gestalten zu können, braucht es mehr Kooperation, Digitalisierung und Effizienz. Und genau dafür müssen wir Führung und Zusammenarbeit im Unternehmen transformieren. Moderne Arbeitskultur ist der Hebel für den Wandel insgesamt und deshalb zurecht fest in der Strategie verankert.«

Transformation als Strategieaufgabe

Dieses Beispiel zeigt: Transformation muss als Aufgabe fest und strukturell im Unternehmen verankert werden. Zum Beispiel in Form einer expliziten Hausaufgabe, die sich das C-Level selbst vornimmt. Zum anderen wird die Unternehmenskultur als zentraler Faktor für die Erreichung von Transformationsvorhaben genannt.

Beispiel: Eine offene, vorgelebte Unternehmenskultur

Niels, heute Vorstand bei einem Fußballclub, erinnert sich an die Unternehmenskultur, die er auf Stationen seiner Karriere gespürt hat:

»Noch heute bin ich fasziniert von der Unternehmenskultur, die ich bei einem internationalen Sportartikelhersteller erleben durfte: die Identifikation der handelnden Personen war unbeschreiblich hoch. Es fühlte sich an, als würde jeder für den Leader und die Marke kämpfen. Und das ohne große Incentivierung. Das ging vor allem vom damaligen Vorstandvorsitzenden aus. Er war nahbar und eine Respektperson zu gleich. Aber das Wichtigste: Er hat eine Kultur geschaffen, in der der kleinste Mitarbeiter große Entscheidungen beeinflussen konnte. So konnte ich als Trainee gleich zu Beginn Namensvorschläge für ein weltweites Großprojekt entwickeln und bis nach oben vor ihm präsentieren. Was für ein Gefühl. Er schaffte ein Modell von Sichtbarkeit unabhängig von Hierarchiestufen. Er hat die Organisation meines Erachtens einfach von Grund auf verstanden: Was triggert die Mitarbeiter? Wie gehe ich mit Ihnen um? Und diesen Führungsstil hat er sich auch an der Spitze bewahrt. Authentisch. Menschlich. Leistungsorientiert. Dieser Führungsstill hat sich dann quer über alle Funktionsbereiche im Unternehmen etabliert. Zudem waren alle Abteilungen für ein großes Ziel geeint. Silodenken war die Ausnahme. Mein Learning: Echte Identifikation schafft, dass man füreinander arbeitet.

Als ich für das Unternehmen in Russland war, habe ich genau das versucht zu übertragen. Meine Botschaft: ›Ich brauche eure Hilfe. Ihr versteht den Konsumenten hier viel besser als ich. Was ist euer Input?‹. Das Team war damit zu Beginn überfordert und musste sich erst an eine neue Arbeitsweise gewöhnen. Und auch in meiner aktuellen Rolle versuche ich die damals mitgegebenen Prinzipien vorzuleben. Ein Beispiel: Damit wir einen wichtigen Trainingsplatz wieder auf Kurs bringen, wäre eine sechsstellige Summe nötig gewesen. Das Team konnte diese Summe deutlich drücken, weil es bereit war, den Platz in Eigenleistung wiederherzustellen. Davon waren die übrigen Abteilungen so begeistert, dass wir die noch zu leistende Summe (z. b. für die notwendigen Geräte) geteilt haben. Und jetzt: Jede Abteilung hat zum Platz ihren Beitrag geleistet und vereint sind wir stolz darauf. Nur ein kleines Beispiel, aber genau auf diese Details in der täglich erlebten Kultur kommt es doch an.«

Unternehmenskultur und Zusammenhalt

Dieses Beispiel zeigt: Kooperation und Zusammenarbeit auf Augenhöhe muss von Management und Entscheidern vorgelebt werden. Eigenverantwortung kann nicht von jetzt auf gleich gefordert, sondern muss Schritt für Schritt herausgekitzelt werden. Maßnahmen, die Zusammenhalt fördern, helfen dabei.

14 Mehrwerte: Ausschöpfen der Handlungskräfte

»Warum uns das Modell dauerhaft transformationsbereiter macht.«

Dauerhaft und aus eigener Kraft transformationsfähig sein. Und damit als Unternehmen gut aufgestellt sein – ganz gleich, was auch kommt. Unser Modell ist aus diesem klaren Ziel heraus entwickelt worden. Warum sind wir überzeugt, dass es diese Anforderungen erfüllt? Das möchten wir in diesem Kapitel zusammenfassen. Also: welche konkreten Mehrwerte bietet dieses Modell?

Basis der Verantwortungsträger wird verbreitert
In vielen Unternehmen werden die Erwartungen, die Transformation zu gestalten, auf eine sehr kleine Gruppe von Personen beschränkt und fokussiert. Manchmal ist es sogar nur »der eine CEO«, in anderen Unternehmen bislang ein Topmanagement aus zwei, drei Mitgliedern. Alle Augen sind auf diese kleine Gruppe gerichtet, die sich den schweren Transformationsbrocken stellen muss. Man wartet darauf, dass sie Prophezeiungen oder Heil verkünden. *»Die werden das schon machen«* oder *»Warten wir mal, was die da oben sagen«*, sind typische Aussagen. Das ist nicht zeitgemäß.

Mit dem Modell der Capcoaches erweitern wie die Gruppe derer, die aktiv Verantwortung für Transformationserfolge übernimmt. Statt fünf Personen, zeichnen in Summe beispielsweise gleich 20 Personen verantwortlich mit klarer Schärfung der Rolle:

- Der Vorstand fokussiert sich auf die Definition, Feinjustierung und Einhaltung der strategischen Leitplanken,
- die Capcoaches fokussieren sich auf den Weg, die strategischen Leitplanken mit Leben zu füllen und die gemeinsam gesetzten strategischen Ziele zu erreichen.
- Und auch der Kern wird über agile Methoden und die neue Verortung stärker ins Zentrum gerückt – und damit auch in die Pflicht genommen.

Natürlich darf hier nicht in basisdemokratische Diskussionen verfallen werden. Dafür sorgt die Tatsache, dass der Vorstand die Rolle des Leitplankensetzers weiter innehat und sowohl fähig als auch befähigt wird, Entscheidungen zu treffen. Die Idee ist, dass er für diese Entscheidungen im 3C-Modell auf einem besseren und an die Operative angebundenem Wissensstand aufsetzen kann – in Form der Capcoaches. Denn die Verantwortung für die Bewertung vorliegender Informationen wird mit diesen institutionalisiert und um einen stärker operativ denkenden Horizont ergänzt.

Damit ist sichergestellt, dass die strategischen Leitplanken und der operativen Status bzw. der Gesundheitszustand, den ein Unternehmen hat, zusammenpassen. Kopf und

Bauch korrespondieren und agieren nicht losgelöst voneinander. Reden miteinander statt übereinander. Und Herz von Chief Offier und Capcoach schlagen im gleichen Takt.

360 Grad-Blick entsteht

Mit der Verbreiterungerhält das 3C-Modell gleich ein doppeltes Frühwarnsystem, was Transformationsbedarf angeht: Die Chiefs aus Richtung Marktveränderungen und Anforderungen externer Stakeholder. Die Capcoaches aus Richtung der Schmerzpunkte des Arbeitsalltags, die zum Beispiel ein Umschichten von Prioritäten notwendig machen. Das Ziel: 360 Grad Blick in Richtung Veränderungsnotwendigkeit. So wird der Transformationshorizont zum Globus!

Auch die menschliche Bandbreite wächst. Und damit die Anzahl der Perspektiven, mit denen auf einen Sachverhalt geblickt wird. Und genau diese Perspektiven braucht es, um blinde Flecken zu reduzieren. Die wenigsten Unternehmen haben ein Top-Management, dass sowohl persönlich als auch fachlich über alle Skills verfügt, die Führung und Organisationsentwicklung heute von uns abverlangen. Gleiches gilt auf persönlicher Einstellungsebene: Visionäre, Optimisten, Zyniker, Realisten, Abwäger, Vorausprescher – eine Transformationsreise bedarf alle Blickwinkel. Zum einen für eine realistische Bewertung der Gesamtsituation – zum anderen für die Planung und das Voranbringen der ganz konkreten Aufgaben.

Gegen das Scheitern: Gegenseitige Regulierung

Man könnte kritisieren *»Ach das erhöht doch nur die Summe an Meinungen und jeder redet wild mit«*. Dadurch dass die Capcoaches konkret Mitverantwortung für das Ergebnis übernehmen, ist hier von der Idee gegenseitiger Regulierung zu sprechen. Denn was lässt Führungskräfte und Vorstände scheitern? In erster Linie ist es fehlende Selbstreflektion. Und die ist auch gar nicht so einfach. Hossiep und Ringelband beschreiben, dass im Sinne einer »Vorgesetztenpflege (...) im Wesentlichen nur konstante stimmige und positive Informationen« weitergetragen werden. »Eine der Ursachen für Managerversagen durch psychopathisches Verhalten ist also die fehlende soziale und formale Kontrolle. (...). Psychopathen im Top-Management werden sich durch gezielte Auswahl nicht unbedingt verhindern lassen, aber durch die Etablierung von formalen und informellen Feedback- und -Kontrollmechanismen besteht die Möglichkeit, im Sinne des Wertequadrats die entsprechenden Gegengewichte stärker zu fördern« (Hossiep und Ringelband, S. 26). Die Installation von Capcoaches kann genau zur Bildung dieses Gegengewichtes beitragen.

Konkrete Perspektiven

Zudem ist klar: Die Anzahl der Plätze in einem Vorstandsgremium ist sehr überschaubar. In den darunter liegenden Managementschichten liegt aber ein großes fachliches Potenzial, das durch die Aufwertung Capcoach zu werden, mehr Raum und Rampenlicht erfährt. Und verhindert, dass manch ein mittlerer Manager aufgibt, seine transformationsrelevanten Thesen und Ideen zu teilen, weil er das Gefühl hat, von einem übermächtigen C-Board gar nicht gehört zu werden. Hier wird entsprechend eine Perspektive geboten.

Und noch eine große Chance liegt im 3C-Modell: Die Rolle des Capcoach wertet die Führungsrolle generell auf. In Zeiten, in denen es für eine neue Generation immer unpopulärer wird, Führungsleistung zu übernehmen, ein wichtiges Signal. Statt Druck von zwei Seiten, geht es darum den Freiraum an Gestaltung herauszustellen. Ja, Verantwortung kann Last sein – aber das, was sich die Generation Z wünscht: Etwas Sinnvolles tun, etwas besser machen, etwas gestalten – genau diesen Anforderungen wird mit der Rolle der Capcoaches Rechnung getragen. Diese Botschaft gilt es, für die Kommunikation zu nutzen. Auf Augenhöhe mit anderen Verantwortung übernehmen und aktiv gestalten ist etwas anderes, als »von oben und unten« immer nur einstecken und sich rechtfertigen zu müssen. Ein Vorstandsposten gilt für viele unerreichbar, eine Capcoach-Position ist greifbarer und gerade für die »Macher«-Generation erstrebenswerter.

Mitarbeiter – in den Mittelpunkt gestellt

Auch für die Mitarbeiter ergibt sich eine neue Form der Wahrnehmung. Statt unten in der Nahrungskette zu stehen, werden sie zur Drehscheibe im Core. Ein Unterschied, der sich auch in der Unternehmenskultur widerspiegeln muss. Ein Aufregen über *»die da oben«* darf es wie in Kapitel 11.4.2 beschrieben, dann nicht geben, da man selbst im Mittelpunkt des Systems steht. Gleichzeitig bedeutet es ebenso die Abkehr von *»die da unten«* – und von Vorständen, die von ihrer eigenen Mannschaft nur wenig halten.

Statt überall und doch tatsächlich nirgends zu sein, liegt in der Klarheit der Rollen zudem die Chance auf Eindeutigkeit, Messbarkeit und maximalen Wirkungsgrad. Soll heißen: Eine höhere Klarheit und damit eine Zunahme von Spezialisierung erfordert ein höheres Maß an Teamarbeit: Ein Einzelner kann wenig bewegen. Es braucht immer mehrere für die Bearbeitung komplexer Aufgaben – und das ist gut so, weil es Austausch und das Bilden von Verbindungen anregt.

15 Grenzen des Modells und verbleibende Hürden

»Ohne die Gefahr zu scheitern, bräuchten wir keinen Mut.«

Eine Garantie geben für gutes Gelingen? Das wäre unseriös. Da kein Unternehmen und kein Transformationsprozess wie das bzw. der andere ist, braucht es immer ein maßgeschneidertes Vorgehen für die individuellen Herausforderungen. Zu unterschiedlich sind kulturelle, wirtschaftliche und unternehmenspolitische Voraussetzungen.

Das bedeutet: Unser Modell hat nicht den Anspruch, die Antwort auf alle Transformationsfragen zu sein. Wir stellen keinen Anspruch auf eine alleinige Wahrheit. Wir haben lediglich auf Basis unserer Erfahrungen versucht abzuleiten, welche Diskussionen sinnvoll sind, um Verbesserung anzustoßen.

Das 3C-Modell beschreibt plakativ und anschaulich alle wichtigen Punkte, die sich in der Zusammenarbeit konkret verändern müssen, damit sich die Kräfte in Unternehmen besser entfalten können, als es bislang gelingt. Und damit sich die Kräfte so aufstellen, dass sie selbst fähig sind, Transformationsbedarf zu erkennen – und anzugehen. Partizipation, Rollenschärfung, Aufwertung der unterschätzten mittleren Manager und Kommunikation auf Augenhöhe sind die zentralen Botschaften, die sich auf nahezu jedes Unternehmen in Transformationsumfeldern übertragen lassen.

Welche Hürden werden uns bei der Einführung begegnen?

Risiko: Akzeptanz
Unser 3C-Modell rationalisiert niemanden weg. Dennoch dürfte es auf Widerstand stoßen. Ist der Vorstand bereit, die Schärfung seiner Rolle, aber auch die der anderen Akteure mitzugehen? Oder entscheidet er sich für den Status quo? Mit seiner Akzeptanz – von Capcoaches als Berater auf Augenhöhe und den Mitarbeiter als der eigentliche Kern einer Unternehmung – steht und fällt das Modell.

Aber auch innerhalb der Belegschaft ist Akzeptanz gefordert. Wie ist die Akzeptanz in der Belegschaft und vor allem bei den mittleren Managern sichergestellt, die es nicht zum Capcoach geschafft haben? Einige Führungsrollen könnten durch das stärkere Einbinden von agilen Teams perspektivisch wegfallen. Mittlere Manager, die betroffen sind, (und das kann eine nicht unerhebliche Zahl sein) enttäuscht sein.

Risiko: Qualität

Ein weiteres Risiko für das 3C-Modell besteht in der Qualität und Bereitschaft potentieller Stelleninhaber. Wie sucht man die richtigen Capcoaches aus? Wie erkenne ich im Vergleich zu anderen mittleren Managern wer sich für diese Position qualifiziert? Auch ist nicht jeder Chief Officer in der Lage, die klar formulierten und fokussierten Anforderungen bezüglich des strategischen Weitblicks mit Leben zu füllen. Die Hinwendung zum Tagesgeschäft mag dann wie eine willkommene Abwechslung erscheinen, tatsächlich ist sie eher eine Flucht vor den dringenden strategischen Aufgaben. Die im 3C-Modell definierten Rollen passen in so einem Fall also nicht zwingend zu den aktuellen Stelleninhabern.

Und finden sich überhaupt genug mutige Führungskräfte, die die größere Verantwortung tragen wollen und die Capcoach-Position einnehmen? Müssen mehr Benefits angeboten werden? Oder sind weitere Benefits sogar kontraproduktiv, da vor allem Überzeugungstäter gesucht werden, die für ihre Rolle brennen?

Perspektivisch hat die Anwendung des Modells weitere Konsequenzen. Es ist zu diskutieren: Wie viele Chief Officers und wie viele Capcoaches braucht es? Ein Ergebnis könnte sein, dass die Anzahl an Vorständen reduziert und auf die essentiellen strategischen Themen fokussiert wird. Für die Sicherstellung der Zielerreichung ist es am jeweiligen Capcoach, Verantwortung zu übernehmen.

Es bleiben also Unwägbarkeiten. Die Prinzipien der agilen Arbeitsweise – starten und nach und nach Verbesserungspotenzial umsetzen – eignen sich auch hier.

16 Zwischenfazit Teil 3

»So können wir zusammenarbeiten, um dauerhaft transformationsfähig zu sein.«

Fassen wir dieses Kapitel zusammen:

- **Wir brauchen eine neue Rolle in Unternehmen: Die Capcoaches**
  Die Vorstände im Unternehmen können Transformation nicht allein vorantreiben. Sie konzentrieren sich auf Repräsentation und Einhaltung der Regulatorik sowie auf die Vorgabe der strategischen Leitplanken. Bei der Frage nach dem Weg zu ihren Zielen werden sie von Vertretern der neuen Rolle des Capcoaches unterstützt – ausgewählte mittlere Manager, die Trainingsprinzipien eines Coaches sowie die Zielstrebigkeit eines Captains mitbringen. Sie füllen die strategischen Leitplanken mit Leben. Legen Chiefs und Capcoaches ihr Wissen systematisiert zusammen, ergibt sich ein 360 Grad Transformationsblick. Mehr Perspektiven heißt mehr Input, mehr Wissen, mehr Gesamtzusammenhang.
- **Goodbye, Hierarchiepyramide!**
  Das neue Modell markiert damit die Abkehr von der klassischen Hierarchie-Pyramide. Nicht nur mittlere Manager erfahren eine Aufwertung. Ergänzend rücken die **Mitarbeiter ins Zentrum** – das, was sie eben auch sind. Ein oben und unten im Unternehmen gibt es nicht mehr. Die Mitarbeiter im Kern arbeiten in (agilen) Teams zusammen. Sie bilden den Core des Unternehmens. Chiefs und Capcoaches umschließen diesen und geben damit von zwei Seiten die Sicherheit, die es in volatilen Zeiten wie heute braucht: Mit strategischem Weitblick und Guidance in der Operative.
- **Mehrwerte**
  Das 3C-Modell verbreitet die Basis der Verantwortungsträger und erhöht die Anzahl der Perspektiven. Diese regulieren sich gegenseitig und erkennen Transformationsbedarf sowie das Versagen einzelner Komponenten frühzeitig. Alle gewinnen: Die Vorstandsrolle an Präzision, Capcoaches an Sichtbarkeit und Verantwortung, die sie häufig in der Praxis schon heute unausgesprochen übernehmen. Und auch das Gros der Belegschaft – der Core – gewinnt an Bedeutung durch die Position in der Mitte des Unternehmens. Führungskräfte und die, die das Potenzial haben diese zu werden, erhalten zudem eine attraktive Perspektive für die eigene Karriere.

Was können wir darüber hinaus lernen?

Unser Buch ist zugleich Überblick, praktische Hilfestellung und vor allem Appel: Ein Appell, in den Austausch zu gehen und sich auf Augenhöhe zu begegnen. Anstatt von oben nach unten, viel mehr aus dem echten Zentrum des Unternehmens heraus zu denken, zu sprechen, zu handeln. Die bisher als mittlere Manager titulierten Führungskräfte leisten als verbindendes Element hier schon jetzt einen entscheidenden

Beitrag und dürfen so oder so kein Underdog mehr sein. Dafür braucht es neue Rollenbilder und die Verabschiedung von Hierarchien und Strukturen, die wir uns bislang zu hinterfragen nicht getraut haben. Es ist nur konsequent, auch in der Art und Weise wie wir Unternehmen und ihre Strukturen visualisieren, dem Kern mehr Raum zu geben und denen Aufwertung zu Teil werden lassen, die schwere Brocken bewegen. Sonst besteht die Gefahr, dass die Motivation, dies auch weiterhin zu tun, sinkt und wir transformationsmüde werden – obwohl Veränderung und die Wachsamkeit zu erkennen, wann und wie diese notwendig ist, mehr denn je gefragt ist.

Epilog

»Die Energien aller nutzen – statt auf den einen Heilsbringer warten.«

Was bleibt nach rund 200 Seiten, die sich der Notwendigkeit von Transformation, kurzfristigen Gestaltungsmöglichkeiten sowie langfristigen Verbesserungsansätzen in unserer Zusammenarbeit widmen? Zunächst einmal ging es darum, Sichtbarkeit zu schaffen: Wer sich in transformationsfeindlichen Umfeldern Tag für Tag der Herausforderung stellt, etwas vorwärtszubringen, hat Aufmerksamkeit verdient. Ja mehr noch: Anerkennung. Das ist, was mittlere Manager für ihren täglichen Kampf verdient haben. Doch was ist die Konsequenz, die wir daraus ziehen?

Wir haben uns in Teil 1 angesehen, warum unsere Welt komplexer, unsicherer und chaotischer geworden ist – und was das mit den handelnden Personen macht. In Teil 2 folgten die Strategien und Taktiken, wie sich trotz aller Herausforderungen das Beste aus sich und dem Umfeld herausholen lässt. Teil 3 vermittelte schließlich ein anzustrebendes Idealbild und eine konkrete Idee: So wollen wir in Zukunft zusammenarbeiten und die Transformationsfähigkeit von Unternehmen durch die Schärfung und damit Stärkung der einzelnen Rollen erhöhen. Kurzum: den Wirkungsgrad erhöhen.

Wir sind uns bewusst: Insbesondere mit dem letzten Teil haben wir eine hohe Anspruchshaltung formuliert, die in dieser Form nicht in jedem Unternehmen Anwendung finden wird. Deshalb möchten wir uns auf den letzten Seiten noch einmal auf die Praxis zurückbesinnen. Getreu dem schon im Vorwort formulierten Anspruch »Real Life statt Hochglanz«.

Wir arbeiten in Realitäten …

Die Lebensrealität der meisten Menschen in Deutschland sieht schließlich so aus: Wir arbeiten in Unternehmen, in denen eben nicht alles perfekt läuft und die nicht jeden Plan aus der Theorie unmittelbar und ohne Reibungsverluste in die Wirklichkeit überführen. In Unternehmen, die durchaus Stärken mitbringen, sich wirtschaftlichen Erfolg Tag für Tag und Jahr für Jahr aber hart erkämpfen müssen. In steter Sorge, den Anschluss vielleicht zu verpassen. Statt Hollywood- oder Silicon-Valley-Glamour mit *fancy* Arbeitsmethoden, dem perfekten Bürocampus mit Fitnessstudio und den erfahrensten Kollegen mit Top-CV wird mit Excel, E-Mail und per Hand, im 70er-Jahre-Bau und in Kollegenteams gearbeitet, deren Zusammenstellung man sich nicht aussuchen kann – und die stattdessen aus der hibbeligen Gaby, dem übereifrigen Dirk und dem unsicheren Stefan bestehen.

Bislang beschäftigten wir uns beim Thema Transformation zu oft mit einigen ausgewählten Best-Cases. Doch die Prinzipien, die im Silicon Valley oder einem Start-up funktionieren und die häufig als Blaupause fürs Anstoßen und Durchhalten von Veränderung herangezogen werden, tun dies nicht automatisch auch in Villingen-Schwenningen, Düren oder Holstein. Meilensteine sehen in diesen Umfeldern zuweilen weniger spektakulär aus – haben aber nicht weniger Anstrengung gefordert. Und es heißt nicht, dass die Mitarbeiter und Manager in diesem durchschnittlichen Umfeld deswegen nur einen mittelmäßigen Job machen, im Gegenteil. Zumeist sind viele große Anstrengungen nötig, um überhaupt kleine Schritte oder halbwegs gute Ergebnisse zu erzielen. *Das, was Ihr leistet, verdient Anerkennung.* Und dazu, diese zu erhöhen, möchten auch wir als Autoren mit diesem Buch beitragen.

Für Sie als Leserin bzw. Leser finden in Ihrem konkreten Arbeitsumfeld vielleicht zunächst ausgewählte Strategien aus Teil 2 Anwendung – so hoffen wir zumindest. Getreu dem Motto: Wie holen wir das Beste heraus, auch wenn nicht alles perfekt ist und eben auch nie sein wird? Ein Leitgedanke, der Führungskräften als Hilfestellung dienen soll und bewusst macht: Im Rahmen unserer Möglichkeiten haben wir immer die Chance – ja die Pflicht, Verbesserungen zu erwirken und unseren Wirkungskreis zu erweitern.

… und streben nach Verbesserung

Und genau mit diesem Streben nach Verbesserung geht eben doch ein aktives und dauerhaften Herausfordern des Status quo einher. Langfristig lässt sich also durchaus ein Zielbild, wie in Teil 3 beschrieben, erreichen. Deshalb möchten wir an dieser Stelle nochmals eine Lanze dafür brechen.

Denn wir sind überzeugt: Es ist an der Zeit, mehr zu verbessern als nur Details. Weil wir sonst an den Aufgaben der Transformation zu scheitern drohen. Deshalb müssen wir die mittleren Manager bestärken anstelle sie kleinzureden – und damit im gleichen Maße die Unternehmen selbst. Auch wenn Unternehmen die Transformation in Sachen Digitalisierung, Kulturwandel, Innovationsanspruch und Kundenservice (noch) nicht immer so gelingt, wie man sich das als Mitarbeiter oder auch Außenstehender (z. B. als Kunde) wünschen würde. Der Mittelstand und seine Hidden Champions (aber auch Zweit- und Drittplatzierte) sorgen trotzdem noch immer für den Großteil der Arbeitsplätze in diesem Land und verdienen in den Mittelpunkt, ja sogar ins Rampenlicht gerückt zu werden. Zusammen mit denen, die diese Unternehmen am Laufen halten.

Die Konsequenzen

Die zurückliegenden Seiten sind damit nicht nur ein Plädoyer für einen neuen Blick auf die Rolle der mittleren Manager und die Schärfung dieser Rolle. Die Abkehr von der Hierarchiepyramide beutetet auch, alle Mitarbeiter ganzheitlich ins Zentrum der Organisation zu rücken. Ein tiefgreifender Change – in Kopf und Herz.

Wenn man die dargelegten Prinzipien ernst meint, gibt es kein oben und unten mehr: Herausforderungen stellt man sich gemeinsam. So transparent und partizipativ, wie es nur geht. Zusammenarbeit auf Augenhöhe – aus einer neuen tieferen Überzeugung heraus. Und das nicht nur, weil es gut klingt und sich daraus ein potenziell reichweitenstarker LinkedIn-Post absetzen lässt, während es in der Realität anders läuft. Das bedeutet: Das Unternehmen und sein Bauch – die Mitarbeiter – stehen zukünftig im Zentrum. Der Kern beginnt neue Energien freizusetzen.

So wie auch beim menschlichen Körper sind wir alle Teil unserer jeweiligen Organisation und können unseren spezifischen Beitrag leisten, Veränderungen nach vorn zu bringen. Auch unter Extrembedingungen. Zum Beispiel wenn sich Transformation nach einem niemals endend wollenen Marathon anfühlt. Nichts anderes ist sie. Und ein solcher Marathon lässt sich nur bestehen, wenn wir den Wirkungsgrad unserer Kräfte und ihres Zusammenspiels erhöhen. Wem es gelingt, seine Energien bestmöglich zu nutzen und auch bei erhöhtem Puls einen klaren Kopf behält, der wird auch die noch kommenden Transformationsaufgaben meistern.

Ein Unternehmen, das diesen oder einen vergleichbaren Weg einschlagen möchte und sich von der Hierarchie-Pyramide verabschiedet, muss dabei mehr leisten als nur Wordings zu ändern, Lippenbekenntnisse oder Fake-Partizipation zu liefern. Das bedeutet: Insignien der Macht und Elemente der Machtdemonstration zurückfahren, mittlere Manager und die Mitarbeiter bei der Entscheidungsfindung klar integrieren. Und das vor allem nicht nur, wenn es gerade passt – so wie in einer schlechte On-off-Beziehung. Sondern systematisiert und strukturell verankert.

Wir verabschieden uns von dem Gedanken, des einen Heilsbringers oder Visionärs, der das Kind schon schaukeln wird. Stattdessen beginnen wir zu verstehen, dass die Stärke und Energie zur Transformation aus der gesamten Organisation entstehen kann. Nur mit allen zusammen können tiefgreifende Veränderungen, wie sie VUCA und BANI von uns fordern, gelingen. Gerade in den Unternehmen mit hibbeligen Gabys, übereifrigen Dirks und unsicheren Stefans.

Literaturverzeichnis

BCG Boston Consulting Group (2021), Human-centered leaders are the future of leadership, verfügbar unter: https://web-assets.bcg.com/b4/67/551c4d9340a78a15ad08db02cf15/bcg-humancenteredleadersarethefutureofleadership-20210204-vf.pdf

Corneberger, J. (2020), Vision, Mission And Purpose: The Difference. The Forbes Magazin, verfügbar unter:

Cohen, D. S. & Kotter, J. P. (2005), The heart of change field guide. Tools for leading change in your organization. Deloitte development LLCC, Boston: Harvard Business Press

Collet, S. (2022), Der Sinn von Servant Leadership. CIO, verfügbar unter: https://www.cio.de/a/amp/der-sinn-von-servant-leadership,3687085

Deters, J. (2023), Therapeuten der Transformation, WirtschaftsWoche, 14.2.2023, S. 91

Drucker, P. F. (2009), Management – Das Standardwerk komplett überarbeitet und erweitert, Frankfurt/New York: Campus

Dr. Jürgen Meyer Stiftung/Friedrich-Alexander-Universität Erlangen-Nürnberg (2019), Das mittlere Management – noch immer gefangen im Sandwich?, verfügbar unter: https://www.economics.phil.fau.de/files/2019/08/2019-Fifka-und-Becker-JMS-Das-mittlere-Management-Noch-immer-gefangen-im-Sandwich.pdf

Eggert, I. (2022), Führung in Zahlen, Brand Eins, 10/2022, S. 49

Grabmeier, D. (18.6.2020), »VUCA vs. BANI«, verfügbar unter: https://stephangrabmeier.de/bani-vs-vuca/

Groll, T. (22.3.2017), »Nur ein Chef, ganz oben«, Zeit.de verfügbar unter: https://www.zeit.de/karriere/2017-03/flache-hierarchien-unternehmen-mitarbeiter-stuide?

Hiesserich, J. & Weidenfeld, U. (2015), Der CEO im Fokus, Campus Verlag

Heidbrink, M., Berg, V., Feltes, F. (2021), Die Jungbullen kommen, Harvard Business Manager 5/2021

Hossiep, R. & Ringelband O. (2014), Psychopathische Persönlichkeitsfacetten im Topmanagement. In F. Westermann & M. Dick (Hrsg.), Wirtschaftspsychologie – Managerversagen und Derailment (S. 26). Lengerich: Pabst Science Publishers

Fuchs, W. (2012), Die Geheimnisse der C-Level-Kommunikation, MI Wirtschaftsbuch

Gaida, I. (2021), Agiles Arbeiten in der Praxis, Wiesbaden: Springer Gabler

Linke, P. (2016), Was unterscheidet Purpose von Vision und Mission eines Unternehmens? Hernstein, wir verstehen Leaderhsip, verfügbar unter: https://www.hernstein.at/newsroom/blog/von-der-mission-zum-purpose-wichtig-ist-was-taeglich-passiert/

Mailk, F. (2022), Ihr Job, Boss. Trend.at, verfügbar unter: https://www.trend.at/leaders/malik-aufgaben-topmanager

Mauritz, S. (2021), Bani statt Vuca – die neue Welt, verfügbar unter: https://www.resilienz-akademie.com/bani-statt-vuca-die-neue-welt/

Müller-Stewens, G. (2019), Die neuen Strategen – Gestalter der Unternehmenszukunft, Schäffer Pösschel

Permantier, M. (2019), Haltung entscheidet, München: Verlag Franz Vahlen

Schade, M. (25. Januar 2023), RTL Plusminus: Rabes richtungslose App-Strategie, Medieninsider, abrufbar unter: https://medieninsider.com/rtl-plus-app-digitalstrategie/147477

Schallmo, D. & Rusnjak, A. (2016), Digitale Transformation von Geschäftsmodellen: Grundlagen, Instrumente und Best Practices, Wiesbaden: Springer Fachmedien

Schirmer, W. (2006). Erneuerung aus der Mitte der Hierarchie – Beiträge mittlerer Manager zum organisatorischen Wandel. In N. Schweickart & A. Töpfer (Hrsg.), Wertorientiertes Management, Werterhaltung – Wertsteuerung – Wertsteigerung ganzheitlich gestalten (S. 263–275). Wiesbaden: Springer Gabler

Sopra Steria in Zusammenarbeit mit dem F.A.Z.-Institut (2021), Potenzialanalyse Organisation x.O., abrufbar unter: https://www.soprasteria.de/newsroom/publikationen/studien/free/potenzialanalyse-organisation-x0

Stepstone & Kienbaum (2017), Organigramm deutscher Unternehmen (Studie), abrufbar unter: https://www.stepstone.de/Ueber-StepStone/wp-content/uploads/2017/07/Hierarchie_Organisation-Fuehrung_Fuehrungskraefte_Kienbaum-Stepstone-Studie.pdf

Stepstone & Kienbaum (2020), Agilität (Studie), abrufbar unter: https://www.stepstone.de/e-recruiting/blog/neue-stepstone-studie-agilitat

Walter, A. D. (2016). Mittleres Management – Schlüssel zum Unternehmenserfolg, Wiesbaden: Springer Gabler

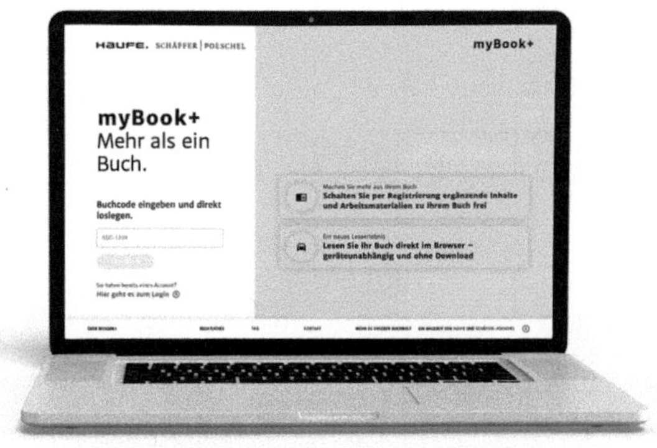

Ihre Online-Inhalte zum Buch: Exklusiv für Buchkäuferinnen und Buchkäufer!

- **https://mybookplus.de**
- Buchcode: ACF-43963